Rahmatullo Rakhimov

Organização da utilização de veículos de mercadorias em Andijan para a prestação de serviços

Rahmatullo Rakhimov

Organização da utilização de veículos de mercadorias em Andijan para a prestação de serviços

Sistema de entrega de carga à distância descrito

ScienciaScripts

Imprint
Any brand names and product names mentioned in this book are subject to trademark, brand or patent protection and are trademarks or registered trademarks of their respective holders. The use of brand names, product names, common names, trade names, product descriptions etc. even without a particular marking in this work is in no way to be construed to mean that such names may be regarded as unrestricted in respect of trademark and brand protection legislation and could thus be used by anyone.

Cover image: www.ingimage.com

This book is a translation from the original published under ISBN 978-620-8-41775-8.

Publisher:
Sciencia Scripts
is a trademark of
Dodo Books Indian Ocean Ltd. and OmniScriptum S.R.L publishing group

120 High Road, East Finchley, London, N2 9ED, United Kingdom
Str. Armeneasca 28/1, office 1, Chisinau MD-2012, Republic of Moldova, Europe
Managing Directors: Ieva Konstantinova, Victoria Ursu
info@omniscriptum.com

Printed at: see last page
ISBN: 978-620-8-61722-6

Conteúdo

Esta monografia aborda a integração das relações entre clientes e motoristas no servidor. A informação sobre o veículo de carga mais próximo é transmitida online em tempo real. Os clientes recebem detalhes sobre a sua carga, incluindo o tempo médio para a entregar no destino, a tarifa e informações sobre o condutor e o veículo, com base nas caraterísticas da carga e na distância a percorrer. Se as tarifas e informações sugeridas pelo programa forem aceitáveis para o cliente, este pode seleccioná-las e finalizar a encomenda. A monografia também inclui propostas e recomendações para melhorar ainda mais a solução de problemas entre veículos de carga e clientes na cidade de Andijan através de uma ferramenta de ligação.

A monografia destina-se a estudantes, mestrandos, doutorandos, pessoal académico e investigadores.

Esta monografia baseia-se nos resultados da investigação realizada sobre o tema "Organização da utilização de veículos de transporte de mercadorias na cidade de Andijan através de uma plataforma em linha para prestar serviços ao público".

I. Nasirov - Professor Associado do Departamento de "Logística dos Transportes" do
Instituto de Engenharia de Máquinas de Andijan.
X. Normatov - Diretor da Andijan "Ko'ktonlik Trans" LLC.

INTRODUÇÃO

À medida que o mundo entra no século XXI, assiste-se a um desenvolvimento rápido em todos os domínios. Isto significa, em particular, a chegada das tecnologias modernas, da economia digital e das aplicações em linha. Naturalmente, estes avanços exigem mudanças significativas na indústria automóvel e nos sectores de serviços para veículos. No nosso país, estão planeadas iniciativas de grande envergadura, tendo já sido realizado um volume de trabalho considerável.

Especificamente, o programa estatal para a implementação da Estratégia de Ação em cinco áreas prioritárias para o desenvolvimento da República do Uzbequistão de 2017 a 2021 define tarefas para o "Ano da Ciência, do Iluminismo e do Desenvolvimento da Economia Digital". Este inclui objectivos para aumentar a competitividade da economia nacional através da introdução generalizada de tecnologias de informação modernas nos sectores económicos e da expansão das redes de telecomunicações.

O Decreto Presidencial da República do Usbequistão de 2019 sobre a melhoria radical do sistema de transporte de carga e de passageiros estipula que os empresários individuais envolvidos no transporte rodoviário de carga devem dispor de uma unidade especializada responsável por garantir a segurança do transporte, incluindo a utilização de veículos que tenham sido certificados de acordo com os procedimentos estabelecidos. Além disso, exige que o dirigente máximo da pessoa colectiva se submeta a uma certificação de acordo com os requisitos de qualificação. Este decreto, em colaboração com o Ministério dos Transportes do Usbequistão, o Ministério dos Assuntos Internos, o Comité Aduaneiro Estatal e o Comité Fiscal Estatal, visa estabelecer o Sistema de Informação Interativo Unificado da UzTrans (a seguir designado por sistema de informação) até 1 de julho de 2019. O sistema incluirá as seguintes caraterísticas:

- Distribuição trimestral automática de licenças estrangeiras e/ou multilaterais para o transporte internacional entre as transportadoras nacionais;
- Emissão de licenças para o transporte urbano, suburbano, interurbano e internacional de passageiros e de mercadorias, bem como de autorizações para a utilização da caderneta TIR para o transporte internacional de mercadorias, em conformidade com a Convenção de Genebra de 1975 sobre o transporte internacional de mercadorias (CARNET TIR);
- Processamento e análise de pedidos de autorização para o transporte internacional de mercadorias, nomeadamente através do sistema de cadernetas TIR;
- A possibilidade de substituir as funções de taxímetro, os terminais de

pagamento e os dispositivos de radiocomunicação por dispositivos móveis especiais (como telemóveis, tablets e sistemas de pagamento eletrónico) no caso dos táxis não atribuídos.
Com base no conteúdo do decreto acima referido, pode salientar-se que, nos países desenvolvidos de todo o mundo, a utilização de programas em linha, páginas Web e agregadores para serviços de transporte se generalizou, contribuindo significativamente para as suas economias e desenvolvimento. O Usbequistão, enquanto Estado único, precisa de operar serviços de transporte tanto em linha como fora de linha para demonstrar a sua superioridade em relação a outros países.
Nos últimos anos, o termo "propriedade intelectual" ganhou popularidade no Uzbequistão. A propriedade intelectual refere-se aos produtos da atividade intelectual criativa, que incluem os direitos sobre invenções e objectos de autoria, obras científicas, literárias e artísticas, incluindo gravações sonoras, obras de rádio e televisão, descobertas, invenções, propostas de racionalização, desenhos industriais, software para computadores, bases de dados, sistemas especializados, marcas comerciais, nomes de empresas e outros objectos de propriedade intelectual. Atualmente, a proteção da propriedade intelectual é considerada uma tarefa importante.
O Uzbequistão tornou-se membro da Organização Mundial da Propriedade Intelectual (OMPI) em 25 de dezembro de 1991 e, mais tarde, em 1993, aderiu à Convenção de Paris para a Proteção da Propriedade Industrial.
No nosso país, os programas em linha, a crescente literacia informática da população e a utilização generalizada de várias plataformas na Internet estão a contribuir para uma adoção mais rápida dos agregadores para o transporte de mercadorias na cidade de Andijan. A utilização de programas digitais modernos para o transporte eficiente de mercadorias, bem como a procura crescente de tais serviços, está claramente de acordo com as necessidades da época.
Na cidade de Andijan, a maioria dos veículos de carga pertence ao sector privado. De acordo com o Decreto do Presidente da República do Usbequistão, PF-6044, de 24 de agosto de 2020, sobre a "Melhoria radical dos procedimentos de licenciamento", a partir de 1 de janeiro de 2021, foi alterado o licenciamento das actividades de transporte de passageiros e de mercadorias nas rotas urbanas, suburbanas, interurbanas e internacionais. As actividades de transporte de mercadorias nas zonas urbanas e suburbanas, bem como o transporte interurbano, foram cancelados de acordo com o Anexo 1 do decreto. Este decreto resultou na eliminação de algumas restrições económicas e sociais, o que abriu novas oportunidades para o crescimento do transporte de mercadorias e para um maior desenvolvimento do nosso país. Ao utilizar plenamente estas

oportunidades, o sector dos transportes de mercadorias em Andijan está naturalmente a avançar para uma nova fase, aumentando a eficiência e o potencial.

Atualmente, existe uma procura significativa de transporte de carga na cidade de Andijan, e as necessidades estão a aumentar em conformidade. O transporte na cidade é um processo complexo que envolve várias fases e requer uma atenção especial. Por conseguinte, os métodos simples e tradicionais de transporte de carga na cidade são insuficientes para satisfazer as necessidades da população.

As vantagens competitivas das empresas de logística que propomos dependem da disponibilidade de veículos de transporte adequados e com as caraterísticas necessárias para atender aos diversos parâmetros de carga. Além disso, a capacidade de oferecer as rotas mais adequadas para a entrega de mercadorias de diferentes dimensões é uma parte crucial para garantir o sucesso.

Existem muitos tipos de produtos de vários tamanhos, cada um dos quais requer uma abordagem individual, uma vez que não existem modelos para organizar os processos de entrega. Para garantir que as mercadorias são entregues na altura certa e de forma segura, é necessário criar uma rota de entrega especial e garantir a segurança de mercadorias de diferentes tamanhos.

O transporte de mercadorias de diferentes dimensões e pesos pesados é um processo moroso, e a preparação antes do transporte também requer tempo. Nalguns casos, a entrega de diferentes mercadorias requer a organização de um acompanhamento para monitorizar o seu progresso.

Existem várias situações de emergência e riscos, e as empresas de logística têm de ter em conta esses riscos durante a fase de planeamento do processo de transporte.

Atualmente, a procura de bens de grande volume está a aumentar. Como resultado, a organização de serviços de entrega bem sucedidos em toda a cidade pode tornar-se relativamente mais difícil. Além disso, as empresas de logística têm de ter em conta vários factores para garantir que mercadorias de diferentes dimensões chegam aos locais designados.

Por conseguinte, a seleção do tipo de transporte adequado e o desenvolvimento do itinerário ideal estão entre as partes mais complexas do processo de planeamento. Para efetuar o transporte, é necessário obter todas as autorizações necessárias. Além disso, não existe uma abordagem normalizada para organizar esse transporte.

Relevância do tema de investigação:

Uma plataforma em linha é uma plataforma eletrónica que combina vários fornecedores num único recurso. Os consumidores podem obter informações gerais sobre os objectos que lhes interessam através de uma interface única e, com base num sistema de filtragem, selecionar o serviço/produto/informação necessários de acordo com critérios específicos. A cadeia de fornecedores (vendedores) ^ plataforma em linha (agregador) ^ consumidores pode ser claramente destacada.

Atualmente, a procura de grandes agregadores entre os consumidores de todo o mundo está a aumentar. Isto porque oferecem uma seleção imediata sem a necessidade de abrir várias ligações. Nestes casos, um agregador é cómodo, rápido e económico. Uma pessoa moderna não está preparada para gastar o seu tempo e investimento na procura do serviço pretendido. Normalmente, uma pessoa passa apenas alguns minutos no sítio Web de uma empresa e depois fecha-o, enquanto num agregador é mais provável que passe mais de meia hora a analisar todos os serviços fornecidos.

Com este modelo de interação entre o condutor e o consumidor, o trabalho é realizado em tempo real, permitindo ao consumidor escolher a melhor e mais conveniente oferta para si. Dependendo da orientação do serviço, podem ser fornecidos vários serviços numa única interface.

Por exemplo, num site como o Booking.com, é possível reservar um hotel, alugar um carro, comprar um bilhete de avião e pedir um táxi. O Skyscanner, um popular agregador de pesquisa de voos, tem mais de 40 milhões de utilizadores únicos por mês.

Com base numa análise das estratégias competitivas dos maiores agregadores online, são sugeridas as vantagens e desvantagens das estratégias competitivas utilizadas pelas empresas tecnológicas para aumentar a sua quota de mercado, bem como as oportunidades de alteração das estratégias competitivas e de adoção de novos canais para atrair drivers, de forma a atingir os objectivos estratégicos.

Em resultado das reformas económicas nacionais, a superação do estatuto de monopólio da propriedade estatal no complexo de transporte automóvel (ATK) levou à criação de um mercado de serviços de transporte. Neste mercado, as entidades passaram de empresas públicas a sociedades anónimas e privadas.

Consequentemente, as grandes (mais de 200 veículos) e médias (100 a 200 veículos) empresas de transporte automóvel (ATP) de uso geral quase cessaram as suas actividades, e o número de veículos em ATP especializados (administrativos) diminuiu 2,5 vezes. No início de 2004, a percentagem de veículos de carga de propriedade privada representava 71,4%. A reestruturação dos ATP de média e grande dimensão, a separação de sucursais e outras unidades estruturais e o aparecimento de numerosas pequenas empresas privadas reduziram significativamente a capacidade de uma única frota de veículos no sector, sendo a frota média atualmente constituída por 19 veículos.

A transição para novas formas de gestão e de propriedade, devido ao aumento da concorrência no mercado dos serviços de transporte, conduziu a uma expansão da estrutura e a uma melhoria da qualidade dos serviços de transporte prestados.

No entanto, paralelamente a estes resultados, o processo de retirada do controlo estatal e de privatização do complexo de transporte automóvel (ATK) conduziu a um declínio significativo do estado técnico dos veículos de carga, o que, por sua vez, resultou num aumento dos acidentes rodoviários.

Objeto e objeto da investigação

O objeto da investigação é a atividade da *"SAFAR BEXATAR"*, uma sociedade de responsabilidade limitada (SRL) que opera na cidade de Andijan e que presta serviços de transporte remunerado à população.

O tema da investigação é a organização da utilização de software de plataforma online para operar veículos de carga das categorias N1 e N2 (com pesos totais até 3,5 toneladas e 5 toneladas, respetivamente) para a prestação de serviços à população da cidade de Andijan. O foco é a implementação de agregadores nacionais nesses veículos para melhorar e agilizar a prestação de serviços.

Finalidade e objectivos da investigação

O objetivo da investigação é identificar as caraterísticas das estratégias competitivas utilizadas pelos serviços de encomenda de veículos de carga em linha, a fim de determinar as melhores rotas de entrega de mercadorias, com base nas necessidades específicas dos clientes. O estudo também tem como objetivo desenvolver novas abordagens para a implementação de estratégias competitivas no mercado dos serviços de transporte de mercadorias.

Além disso, a investigação examinará os serviços tradicionais prestados pelos agregadores de veículos, considerando a sua concorrência com os transportes públicos e privados. Uma das questões-chave a explorar é a **natureza dupla** do mercado - por um lado, os clientes das plataformas em linha para veículos de carga e, por outro, os condutores desses veículos de carga.

A investigação estudará grandes empresas que operam no domínio dos serviços de transporte rodoviário de mercadorias em países desenvolvidos como os EUA, a Rússia, o Reino Unido e a China, que oferecem os seus serviços aos consumidores através de plataformas electrónicas e agregadores. Ao examinar estas empresas, o objetivo é obter um modelo que possa ser aplicado no contexto da cidade de Andijan. Com base na localização geográfica e nas caraterísticas socioeconómicas e técnicas de Andijan, a investigação pretende desenvolver um sistema unificado para os agregadores.

Os objectivos da investigação são os seguintes:

- Estudo teórico do funcionamento das plataformas online atualmente em funcionamento na nossa cidade, utilizando como exemplo os veículos de carga.

- Análise das questões que surgem durante o transporte de mercadorias.
- Análise da eficácia do trabalho efectuado através de agregadores online no transporte de mercadorias.
- Identificação de factores de risco na utilização de plataformas online.
- Análise comparativa dos agregadores estrangeiros.
- Definir as perspectivas de implementação de um programa nacional de agregadores em linha que seja eficaz e adequado à nossa cidade.

Novidade científica da investigação:

Através deste estudo, pretendemos desenvolver um sítio Web que forneça uma plataforma conveniente, fácil, acessível e eficiente para os fabricantes e clientes satisfazerem as suas necessidades, oferecendo uma coleção completa de informações e notícias. Acreditamos que estas tecnologias, que estimulam o humor e a motivação, servirão como uma excelente motivação para criar um sítio Web agregador WordPress em linha na cidade de Andijan.

A organização do transporte de mercadorias através de plataformas em linha na cidade de Andijan assegurará um elevado nível de rentabilidade, estabelecerá um sistema de serviços de transporte transparente, promoverá uma concorrência saudável entre os condutores de transportes, aumentará a confiança dos clientes e melhorará o nível de segurança do transporte de mercadorias na cidade. Todos estes factores permitirão aos clientes obter poupanças até 30%.

Questões-chave e hipóteses de investigação:

A parte empírica desta investigação baseia-se na comparação de várias opções para organizar o transporte de carga através de plataformas online na cidade de Andijan. A comparação basear-se-á em critérios como os custos de transporte, o tempo de entrega e a segurança do transporte. Todos os dados necessários para os cálculos serão obtidos de fontes oficiais ou de empresas de logística que prestam serviços de transporte de várias dimensões de carga. Como resultado desta comparação, será identificado o método mais adequado para a entrega de grandes cargas.

Revisão da literatura sobre o tema da investigação:

Atualmente, foram estudadas as empresas de transporte automóvel existentes na nossa cidade. Foi analisado o trabalho dos camionistas localizados na rua A. Yuldoshev. No entanto, uma vez que não existe atualmente literatura dedicada a esta investigação, estamos prestes a criar um agregador que alcançará uma elevada eficiência e uma poupança significativa de custos através deste estudo.

Descrição da metodologia utilizada na investigação:

A metodologia para a realização da investigação nesta monografia foi a seguinte:

- Definição do objeto e do sujeito da investigação;
- Realização de uma revisão da literatura com base em estudos análogos;
- Definir as metas e os objectivos da investigação;
- Formulação das principais questões de investigação e elaboração de hipóteses;
- Identificar e fundamentar a novidade científica da investigação;
- Justificar teoricamente a novidade científica;
- Justificar o significado prático, económico e ecológico da novidade

Significado prático do trabalho:

A organização do transporte de mercadorias através de plataformas online na cidade de Andijan teve como objetivo determinar a rota de entrega ideal que satisfaz as necessidades específicas dos clientes. O estudo foi concluído com uma revisão da literatura relacionada com o tema escolhido. A parte empírica baseou-se na análise dos dados obtidos na investigação teórica, na identificação de possíveis rotas de entrega e na avaliação dos critérios das opções existentes. Posteriormente, todas as rotas medidas foram comparadas entre si. Dado que todos os clientes têm requisitos diferentes relativamente à entrega de mercadorias de várias dimensões, não existe um método de transporte único que seja o melhor. Por conseguinte, para determinar o itinerário adequado de acordo com as necessidades do cliente, deve ser tida em conta a importância de cada critério.

Descrição da estrutura da obra:

A parte principal da monografia é composta por três capítulos:

1. "Compreender os agregadores em linha";
2. "Métodos e ferramentas para integrar veículos de transporte de mercadorias e clientes através de um agregador na cidade de Andijan";
3. "Análise exaustiva dos resultados". Para além disso, o trabalho inclui uma Introdução, uma Conclusão e uma Lista de Referências.

Capítulo I

O surgimento e os tipos de plataformas em linha, fundamentos teóricos Fundamentos Teóricos e Princípios de Funcionamento

1.1. O surgimento e os tipos de plataformas em linha

Ao longo da história da humanidade, podem distinguir-se três revoluções no desenvolvimento do transporte de mercadorias, estando atualmente em curso uma quarta revolução neste domínio. Num futuro próximo, espera-se o desenvolvimento de camiões de mercadorias eléctricos não tripulados:

A invenção da roda simplificou significativamente o processo de transporte de mercadorias. A domesticação de certos animais (o advento da criação de animais) permitiu ao homem transportar mercadorias pesadas sem utilizar a sua própria força. Naturalmente, este facto levou à invenção e produção de veículos de transporte. Isto reduziu significativamente o tempo de transporte e também o custo do trabalho humano. Atualmente, com o avanço contínuo da tecnologia, as mercadorias podem ser transportadas em qualquer quantidade e a qualquer distância.

Um agregador (do latim *aggregatio* que significa "reunir") é uma entidade que recolhe e agrupa objectos - agregados - em categorias de nível superior:

Um agregador (empresa) é uma entidade que opera no mercado dos conteúdos móveis, que colabora com fornecedores de conteúdos e serviços pessoais, bem como com operadores de comunicações móveis, para organizar a entrega de conteúdos móveis aos seus consumidores. Este processo implica a celebração de múltiplos contratos para facilitar a entrega de conteúdos aos assinantes de comunicações móveis e fixas.

No transporte de mercadorias, o transporte rodoviário é um dos métodos mais populares. As suas principais vantagens são: entrega rápida e atempada, efectuada numa base porta-a-porta. O controlo total sobre a carga é mantido durante o transporte.

O planeamento de percursos flexíveis sofreu uma grande transformação com o aparecimento da tecnologia. Por exemplo, no final da década de 1970, em resposta à crise do petróleo nos Estados Unidos, o governo tomou medidas para incentivar a partilha de boleias (também conhecida como "carpooling"). Os condutores que transportam passageiros foram autorizados a utilizar faixas especiais nas principais auto-estradas. Em resultado destas e de outras medidas, no final da década de 1980, quase um quarto dos americanos participava na partilha de boleias para percursos de longa distância.

Em 2003, a startup Zingo começou a ligar passageiros e motoristas através de tecnologias móveis. A Zingo procurava automaticamente o taxista mais próximo do passageiro. O passageiro tinha de ligar para o número do serviço através do seu telemóvel, e o serviço transmitia então as informações do passageiro para o condutor.

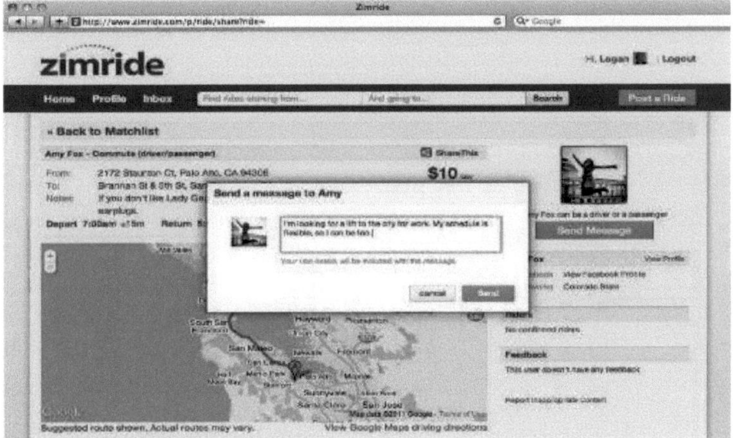

A interface do programa Zimride

1-foto.

Em 2007, foi lançada outra empresa nos Estados Unidos, a Zimride. A Zimride operava para viagens interurbanas e utilizava o serviço do Facebook. A partir da Zimride, a Lyft surgiu em 2012 como a principal concorrente da Uber no mercado norte-americano. Trata-se de um serviço de reserva de táxis em linha que permite aos utilizadores encontrar e reservar viagens através de um sítio Web ou de uma aplicação móvel. Os agregadores de táxis introduziram novas formas de oferecer e consumir serviços de táxi, o que teve um impacto significativo no desenvolvimento ativo da indústria dos serviços de transporte. Os agregadores podem competir entre si, bem como com os serviços de táxi tradicionais, os transportes públicos e privados e outras formas de soluções de transporte.

Interface do programa Zimride em dispositivos móveis

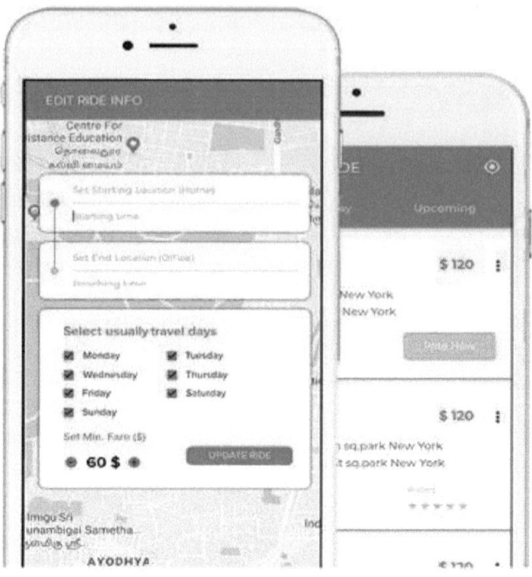

2-foto
Sobre a empresa Zimride

3-rasm.
Estrutura e composição dos serviços de transporte

Atualmente, as actividades de várias empresas no domínio do transporte de mercadorias não podem ser realizadas sem uma estreita cooperação com as empresas que se dedicam à expedição de mercadorias (empresas de expedição). Para muitas empresas, a entrega atempada e de alta qualidade de várias mercadorias é um dos factores mais importantes que influenciam o desenvolvimento e a estabilidade da empresa. Para as empresas privadas, o elevado nível dos serviços de transporte não é menos importante, uma vez que garante confiança e total tranquilidade durante o transporte de mercadorias. Por isso, todos os anos, o interesse e a procura pelo transporte de várias mercadorias estão a aumentar constantemente.

As empresas de transportes oferecem cada vez mais uma gama mais vasta de serviços aos seus clientes. Ao mesmo tempo, as organizações garantem a elevada qualidade destes serviços com uma garantia de "100%". Inicialmente, o processo começa com o desenvolvimento de um conceito para a rota das mercadorias, determinando a rota ideal para o movimento da carga, calculando o custo total da entrega e preparando todos os documentos necessários. Posteriormente, são identificados os veículos de transporte e de carga necessários para o produto. Além disso, são obtidas as autorizações necessárias e o movimento das mercadorias é monitorizado desde o início da viagem até à entrega das mercadorias.

Âmbito dos serviços de transporte de mercadorias:

- Deslocação de escritórios de um escritório para outro. Transporte nacional.
- Mudança de apartamento. Seguro de carga.
- Seguro de contentores.
- Transporte de mercadorias pesadas e de grandes dimensões.
- Proteção das mercadorias transportadas.
- Embalagem completa das mercadorias.
- Transporte de cofres e caixas multibanco.
- O transporte de mercadorias é efectuado por um gestor pessoal responsável pelo produto.
- Deslocalização de casas de campo.
- Durante o transporte, é utilizado um sistema de navegação artificial por satélite para gerir a carga ao longo de todo o percurso.
- Entrega rápida do transporte para o local de carga.
- Obras de construção.
- Transporte de carga em grupo. Transporte de longa distância.

Mudança de vários móveis e todo o tipo de objectos de interior para uma nova localização

O custo do transporte depende de factores como o peso, o tamanho, a distância do transporte, o tempo gasto no carregamento, o preço por quilómetro e a empresa que presta estes serviços.

Existem muitos tipos de agregadores. Um agregador é uma plataforma de compras electrónicas que permite compras únicas. O agregador racionaliza a oferta através da utilização de múltiplos catálogos destinados a grupos de clientes. O modelo de agregador suporta todo o processo de compra, desde a celebração de acordos de fornecimento com diferentes vendedores até ao fornecimento de informações ao comprador sobre o estado da entrega.

Uma subcategoria específica é o agregador de produtos, que permite aos utilizadores selecionar e comparar produtos de várias lojas simultaneamente.

1.2 Fundamentos teóricos e princípios de funcionamento da utilização das plataformas em linha

As principais caraterísticas operacionais dos veículos incluem as seguintes: dinâmica, eficiência de combustível, manobrabilidade, estabilidade, capacidade de atravessar países, suavidade de movimento, capacidade, durabilidade e adaptabilidade para manutenção e apoio, bem como adequação para operações de carga e descarga.

A dinâmica do veículo refere-se à sua capacidade de transportar mercadorias e passageiros em condições rodoviárias específicas. Quanto melhor for a dinâmica de um veículo, menor será o tempo necessário para o transporte e, por conseguinte, maior será a produtividade do veículo. Isto significa que pode transportar uma maior quantidade de mercadorias ou passageiros numa distância definida num determinado período. A dinâmica do veículo depende das suas propriedades de tração e de travagem.

A eficiência do combustível refere-se à utilização racional da potência do combustível durante a deslocação do veículo. A eficiência do combustível é uma caraterística operacional crucial porque os custos de combustível representam a maior parte dos custos totais de transporte. Quanto mais eficiente for o combustível de um veículo, mais baixos serão os seus custos operacionais.

A manobrabilidade refere-se à capacidade do veículo de mudar a sua direção de movimento em função do estado dos seus volantes. A manobrabilidade do veículo afecta significativamente os níveis de segurança durante o movimento.

A estabilidade refere-se à capacidade do veículo para resistir a derrapagens, deslizamentos e capotamentos. A estabilidade é especialmente importante em condições de estrada escorregadia ou quando se viaja a velocidades elevadas.

A aptidão para todo o terreno refere-se à capacidade do veículo para funcionar em condições de estrada difíceis ou fora de estrada (em zonas com neve ou areia). A capacidade de condução em todo-o-terreno é extremamente importante para os veículos que operam em zonas como terrenos agrícolas, florestas, minas e outras condições todo-o-terreno.

A capacidade refere-se à quantidade de mercadorias ou ao número de passageiros que um veículo pode transportar de uma só vez. No caso dos veículos de mercadorias, a capacidade está relacionada com a sua capacidade de elevação e com o volume interno da carroçaria. No caso dos veículos de passageiros, a capacidade refere-se ao número de passageiros que podem ser transportados de uma só vez.

A durabilidade refere-se à capacidade do veículo de funcionar sem avarias ou falhas que exijam reparações. A durabilidade é crucial para os veículos porque afecta a frequência das reparações e a manutenção geral.

A aptidão de um veículo para a manutenção e reparação depende da sua conceção, tornando fácil e rápida a realização dos trabalhos necessários. Quanto mais demorada for a manutenção, mais elevado será o custo do transporte.

A aptidão para carga e descarga refere-se à facilidade com que um veículo pode efetuar operações de carga e descarga com um mínimo de trabalho e de tempo.

Durante o período de regulação económica centralizada, o transporte de mercadorias em veículos foi optimizado através do planeamento e da organização do processo de transporte. A desvantagem era que as melhorias numa área levavam frequentemente a falhas noutras áreas do processo de transporte. No entanto, este método de planeamento ainda era bastante eficaz devido ao sistema existente de gestão, controlo e distribuição de recursos.

Durante a transição para uma economia de mercado, as empresas foram forçadas a operar sob uma concorrência crescente, o que influenciou as suas actividades. As alterações na procura de serviços de transporte indicaram que, atualmente, o transporte de mercadorias no transporte rodoviário consiste em 80% de pequenos lotes de mercadorias transportadas ao longo de rotas e através de redes de distribuição (agrupamento, recolha e entrega). Verifica-se uma tendência para a diminuição da utilização dos coeficientes de utilização da distância e da capacidade de carga no transporte rodoviário, cujos valores médios baixaram para 0,4-0,5 e 0,40,55. O coeficiente médio de produção para a Rússia é de 0,25, com variações regionais que vão de 0,5 a 0,6. Os baixos valores dos indicadores que descrevem o grau de utilização das unidades móveis indicam a necessidade de melhorar a organização dos transportes com base em princípios logísticos modernos.

A necessidade de aplicar os princípios da logística está principalmente relacionada com a transição do mercado do vendedor para o mercado do comprador, que determina os principais parâmetros do transporte. Além disso, o fator tempo é um parâmetro crucial na organização do transporte. A consideração das componentes temporais no processo de transporte permite uma maior fiabilidade nos planos de entrega, aumentando assim a competitividade das empresas.

Muitas publicações no domínio da teoria dos processos de transporte centraram-se nos métodos de otimização utilizados no planeamento do transporte automóvel de mercadorias. Nomeadamente, os trabalhos de Belenkiy A.S., Velmojin A.V., Vorkuta A.I., Geronimus B.L., Gorev A.E., Gudkova V.A., Kojina A.P., Kotikova Yu.G., Litla J., Mochalina S.M. e Nikolina V.I. abordaram estas questões. No entanto, as questões relacionadas com a resolução dos problemas de planeamento dos transportes em termos de hierarquia e esquemas de organização dos processos de transporte não receberam atenção suficiente.

A aplicação dos princípios logísticos no planeamento dos processos de transporte reflecte-se nos trabalhos de V.I. Berezhniy, A.M. Gadzhinskiy, E.I. Zaytsev, V.C. Lukinskiy, L.B.A. Toshbaeva Y.E., entre outros. No entanto, a influência de princípios logísticos como "Just-in-Time" e "Door-to-Door" no planeamento do transporte não foi estudada em pormenor. Esta lacuna evidencia a relevância da realização de investigação científica no domínio da planificação dos processos de transporte, nomeadamente na otimização destes processos com base em princípios logísticos.

Objetivo e tarefas do estudo:

O objetivo da investigação é desenvolver uma metodologia de organização do transporte automóvel de mercadorias baseada em princípios logísticos, com vista a aumentar a eficiência e a fiabilidade do processo de transporte, tanto a nível nacional como internacional.

Este objetivo exigia a resolução de uma série de tarefas interligadas:

> Analisar o estado e a evolução dos transportes rodoviários nacionais e internacionais;

> Identificação dos esquemas de organização dos processos de transporte;

> Análise de métodos de resolução de problemas de planeamento operacional e algoritmo de modelação para o transporte rodoviário internacional de mercadorias;

> Desenvolvimento de um algoritmo geral para o planeamento de actividades de transporte e de um algoritmo de planeamento acelerado para actividades de transporte;

> Melhoria do algoritmo de modelação das componentes temporais do transporte nacional de mercadorias;

> Formação de uma matriz de tomada de decisões em caso de violação do requisito de "pontualidade".

O objeto da investigação foram as empresas de transporte rodoviário e os empresários privados que prestam serviços de transporte rodoviário para entrega de mercadorias. O tema da investigação inclui os métodos e modelos de organização das actividades de transporte, considerando as suas interdependências e relações, bem como o impacto de princípios logísticos como a entrega "a tempo" e os processos de entrega de mercadorias "porta-a-porta".

A base teórica e metodológica da investigação foi constituída por métodos de resolução de problemas de planeamento operacional no transporte rodoviário de mercadorias, programação linear, teoria das probabilidades, teoria da logística e métodos de modelização económica e matemática.

Na dissertação, foram utilizados como instrumentos de investigação métodos sociológicos, métodos estatísticos de tratamento de dados e métodos de análise e síntese lógicas.

1.3.A tarefa de elaboração de itinerários de transporte de mercadorias implica a criação de um fluxograma (esquema) da circulação de mercadorias na rede urbana (distrital) de transportes e na rede rodoviária, com o objetivo de adquirir competências práticas neste processo.

Determinar a localização óptima da frota de veículos. Desenvolver as rotas de viagem. Análise das rotas resultantes. Uma vez selecionada a localização ideal para a frota, os itinerários são desenvolvidos para uma rede de transportes específica. Local de trabalho: O trabalho é realizado no laboratório pedagógico de organização do transporte rodoviário, onde o material demonstrativo utilizado é um mapa da cidade (bairro). 11. Preparação dos dados iniciais: O volume de carga (5-6 pontos interligados) em milhares de toneladas é fornecido para várias opções (Tabela 2.1). Tabela 2.1: Volume de carga por opções (em milhares de toneladas) № Pontos de partida, pontos de receção.

Existem várias definições de carga ou mercadoria no domínio da logística. No entanto, em geral, todas elas seguem um princípio, que descreve a carga ou mercadoria como determinados itens que são transportados por navio, comboio, avião ou camião.

Existem quatro tipos principais de carga: carga geral, carga perecível, carga perigosa e carga de grandes dimensões/peso excessivo. Todos os tipos acima enumerados são descritos de seguida:

Carga geral

A carga geral inclui uma grande variedade de mercadorias, cada uma com a sua própria unidade de embalagem. Este tipo de carga pode incluir caixas, caixotes, fardos, caixas de cartão e pacotes. O transporte desta carga baseia-se numa abordagem geral de acordo com as condições necessárias para o transporte. (Kopitov e Abramov, 2013, 180-181)

Carga perecível

As mercadorias perecíveis têm requisitos específicos porque este tipo de carga está dependente tanto do tempo de entrega como das condições de transporte. Como tal, requerem formas específicas de transporte e manuseamento. A maioria destas mercadorias é sensível à temperatura, o que afecta a qualidade das mercadorias transportadas.

Essa carga inclui os seguintes produtos:

- Flores e plantas
- Peixe e marisco
- Carne
- Frutas e legumes frescos
- Produtos lácteos
- Vacinas, artigos médicos e animais vivos

Este tipo de carga é normalmente carregado em contentores refrigerados ou em secções especiais equipadas com dispositivos para regular a temperatura interna. Regra geral, os aviões são utilizados para a entrega a longa distância de mercadorias perecíveis devido ao seu curto prazo de validade. (Gupta, 2013, 8-16).

Carga perigosa

A carga perigosa e altamente perigosa é um tipo de mercadoria que requer um manuseamento especial. Estas mercadorias são constituídas por materiais perigosos, tais como substâncias tóxicas, inflamáveis e explosivas. Por conseguinte, este tipo de carga exige inúmeras medidas de precaução e segurança, não só durante o transporte, mas também durante os processos de carga e descarga. A carga perigosa deve ser monitorizada para evitar qualquer dano à saúde humana, aos animais ou ao ambiente.

Existe uma classificação das cargas perigosas que permite selecionar o método de transporte adequado para garantir a máxima segurança. A lista de classificação é composta pelos seguintes grupos:

- **Grupo 1**: Substâncias explosivas
- **Grupo 2**: Gases
- **Grupo 3**: Líquidos inflamáveis
- **Grupo 4**: Sólidos inflamáveis
- **Grupo 5**: Substâncias oxidantes
- **Grupo 6**: Substâncias tóxicas e infecciosas
- **Grupo 7**: Materiais radioactivos
- **Grupo 8**: Substâncias corrosivas
- **Grupo 9**: Matérias perigosas diversas

A lista de categorias de carga perigosa foi compilada pelo Comité de Peritos das Nações Unidas para o Transporte de Mercadorias Perigosas (Det Norske Veritas AS),

2012).

Carga de grandes dimensões

A carga de grandes dimensões/peso excessivo é um tipo de carga que se apresenta em várias dimensões. Tem parâmetros maiores do que a carga normal. Consequentemente, a maioria dos camiões e veículos de transporte não pode entregar estas mercadorias devido à pressão excessiva sobre os eixos do veículo. Por conseguinte, a carga de grandes dimensões e pesada requer frequentemente um planeamento individual e é considerada um projeto específico, que pode exigir disposições especiais desde o ponto de partida até ao destino designado. Exemplos deste tipo de carga incluem:

- Equipamento de fábrica
- Equipamento de produção de energia
- Turbinas
- Iates
- Máquinas pesadas
- Equipamento para petróleo e gás
- Casas

Estas mercadorias requerem uma atenção especial, uma vez que os custos associados a danos ou perda da carga podem ser muito elevados. Por conseguinte, as empresas de logística que oferecem serviços de transporte de cargas de grandes dimensões devem dispor de pessoal profissional e de uma vasta experiência neste domínio.

CONCLUSÕES BASEADAS NA INVESTIGAÇÃO DO 1º CAPÍTULO

O domínio das ciências dos transportes exige a aquisição de novos conhecimentos, enquanto a engenharia implica a realização de projectos no âmbito de conhecimentos estabelecidos e bem documentados em documentos normativos. A singularidade das ciências técnicas reside nos objectivos e temas de investigação, que diferem significativamente das actividades de engenharia e da investigação em ciências naturais, incluindo as ciências em que as disciplinas técnicas se baseiam diretamente: a mecânica e a física. Estas diferenças estão também presentes no conteúdo e na metodologia da investigação no âmbito das ciências técnicas.

No sentido tradicional, a metodologia da ciência refere-se à teoria dos métodos e procedimentos da atividade científica, bem como a uma secção da teoria geral do conhecimento, especificamente a epistemologia (a teoria do conhecimento científico) e a filosofia da ciência. O método científico é frequentemente referido como uma abordagem estruturada para a obtenção de conhecimentos, orientando os investigadores para a verdade. Em contrapartida, o termo metodologia, que é mais utilitário, refere-se especificamente às operações, procedimentos ou métodos de trabalho com instrumentos técnicos para recolher dados ou estabelecer factos.

Em termos práticos, a metodologia da ciência é o sistema de princípios e abordagens de investigação em que um investigador (cientista) se baseia durante o processo de aquisição e desenvolvimento de conhecimentos numa determinada ciência natural ou domínio técnico. Estes princípios e abordagens são complexos, inter-relacionados e interligados no âmbito da disciplina [5, 6]. É através desta perspetiva prática que a metodologia das ciências técnicas, como a ciência dos transportes, será considerada.

Os métodos de uma ciência e a sua metodologia mudam muito pouco ao longo do tempo. Servem de base para a evolução das tradições científicas. O desenvolvimento dos métodos não afecta fortemente o significado prático da própria ciência, bem como a compreensão da aplicação das ciências técnicas em novos domínios. A adição de novas ideias à metodologia da ciência e da engenharia ocorre muito mais lentamente do que a adição de novas informações apresentadas pela ciência. Isto é especialmente verdadeiro para o paradigma das ciências técnicas, que reflecte plenamente as tradições de investigação científica estabelecidas no final do século XX.

Ao mesmo tempo, o paradigma pode ser entendido como um esquema concetual geral - um modelo mental para a tomada de decisões com base num conjunto de ideias, abordagens, conceitos e métodos. O paradigma das ciências técnicas reflecte as tradições de investigação científica nelas formadas, enquanto o paradigma pessoal de um investigador reflecte a sua plataforma científica, os princípios fundamentais que utiliza e as suas ideias gerais.

O processo de investigação científica envolve a compreensão da existência de um problema específico não resolvido, a identificação de contradições e o avanço de uma ideia científica para estudar um determinado objeto. Isto leva à formação de conceitos, reflexões e hipóteses, seguida da aquisição de factos científicos e generalizações, e da verificação de hipóteses e juízos através de experiências e teorias.

Uma ideia científica é uma explicação intuitiva de um fenómeno, formada sem provas intermediárias e baseada num conjunto de conclusões que podem ainda não ser totalmente compreendidas. Idealmente, as ideias científicas avançadas devem acompanhar todos os esforços de investigação, especialmente nas fases iniciais, servindo como uma forma apriori única para sistematizar o conhecimento existente sobre o objeto de investigação. Uma ideia científica baseia-se no conhecimento e na intuição actuais e permanece não comprovada até que sejam obtidos e verificados resultados teóricos e experimentais. Funciona como um produto intuitivo do pensamento do investigador, aceite com confiança mesmo na ausência de provas fiáveis, mas sempre ao nível da hipótese.

Capítulo II

ORGANIZAÇÃO DO TRANSPORTE DE MERCADORIAS ENTRE OS CAMIÕES DE CARGA DA CIDADE DE ANDIJAN E OS CLIENTES COM O APOIO DE UM AGREGADOR

2.1. Métodos intelectuais para a organização do transporte de mercadorias em camiões de carga

Neste capítulo, são abordadas as etapas da organização do transporte de várias mercadorias. Estas fases incluem a determinação do regime de transporte, a utilização de um esquema de colocação de mercadorias, a construção de rotas de entrega optimizadas, a preparação da documentação necessária e a avaliação de riscos com métodos que reduzam o impacto dos riscos.

Um dos principais serviços logísticos é o transporte de mercadorias diversas desde o seu ponto de origem até um determinado destino, incluindo cargas especiais como mercadorias de diferentes tamanhos, pesos e tipos. Este tipo de serviço é um processo mais moroso que requer muita atenção. A organização do transporte destas mercadorias é considerada um projeto logístico. Por isso, o processo de controlo é visto como a gestão do projeto logístico.

O projeto logístico de entrega de mercadorias de várias dimensões é um processo em várias fases que exige um esforço considerável. Muitas vezes, o sucesso do projeto depende da cooperação entre várias empresas.

Encomendas online

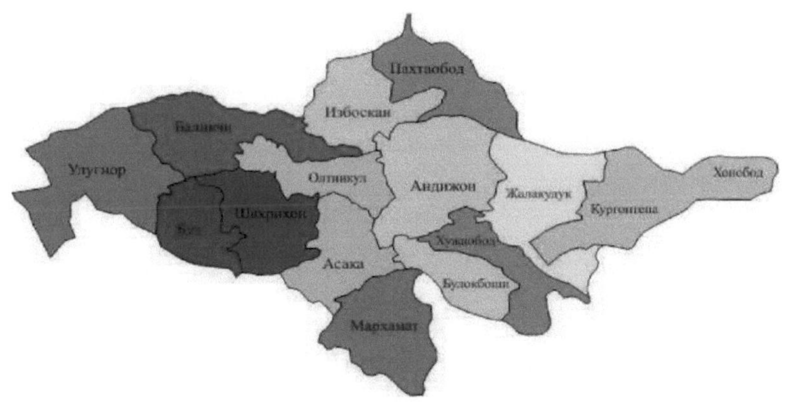

4-foto. Mapa da região de Andijan

A cidade de Andijan está situada na região de Andijan, no Uzbequistão. É o centro administrativo, económico e cultural da região e uma das principais cidades industriais do Uzbequistão. A cidade está situada na parte oriental do vale de Fergana, nas margens do rio Andijon, a uma altitude de 450 metros acima do nível do mar. A temperatura média em julho é de 27°C a 28°C e em janeiro ronda os -3°C. A população é de 458.500 pessoas (em 2022). A cidade cobre uma área de 74,3 km^2. A noroeste, Andijan faz fronteira com o distrito de Oltinko'l; a oeste, com o distrito de Buloqboshi; e a sudeste, com o distrito de Andijan. A densidade populacional é de 6.170 pessoas por km2.

Tabela 1.

A população das cidades e aldeias por regiões

(no início do ano; milhares de pessoas)

		Incluindo:	
	População total	**População da cidade**	**População da aldeia**
2022 ano			
Região de Andijan	**3 253,5**	**1 699,2**	**1 554,3**
Cidade de Andijan	458,5	458,5	0,0
Cidade de Khonobod	44,0	37,1	6,9
Distritos:			
Oltinkul	184,7	97,1	87,6
Andijan	273,8	209,7	64,1
Baliqchi	207,1	69,9	137,2
Bustão	74,8	26,4	48,4
Buloqboshi	147,0	71,1	75,9
Jalakuduk	191,4	80,0	111,4

Izboskan	245,6	78,6	167,0
Ulug'nor	61,8	6,4	55,4
Qurgontepa	222,1	94,7	127,4
Asaka	340,0	104,8	235,2
Marhamat	178,7	140,9	37,8
Shahrikhan	310,0	102,6	207,4
Paxtaobod	199,9	73,1	126,8
Khodjaobod	114,1	48,3	65,8

Tabela 2.

Principais indicadores do transporte rodoviário

	2010- y.	2014- y.	2018- y.	2022 ano janeiro-março
Carga transportada, milhares de toneladas	24 226,8	35 984,4	40 845,1	7 697,9
Volume de negócios do transporte de mercadorias, milhões de toneladas-km	490,1	684,8	845,4	196,2
Passageiros transportados, milhares de pessoas	412 167,1	594 443,3	703 897,7	158 336,7
Volume de negócios de passageiros, milhões de passageiros-km	7 027,3	10 204,7	12 143,9	2 012,0

Quadro 3.

A taxa de crescimento do volume de serviços prestados por regiões.

(em comparação com o ano anterior, em %.)

	2010- y.	2014- y.	2018- y.	2022-ano janeiro-março
Região de Andijan	**116,4**	**120,7**	**107,2**	**106,9**
Cidade de Andijan	116,2	143,6	110,7	107,6
Cidade de Khonobod	122,2	103,2	103,0	104,5
Distritos:				
Oltinkul	121,4	106,8	104,4	106,0
Andijan	115,3	111,7	104,7	107,0
Baliqchi	121,2	113,0	104,4	106,8
Buston	114,9	113,5	103,4	104,5

Buloqboshi	113,6	113,9	104,0	106,0
Jalakuduk	119,6	110,4	104,1	106,2
Izboskan	119,8	113,0	104,3	105,0
Ulug'nor	108,0	109,1	103,4	104,3
Qurgontepa	119,7	107,4	103,8	107,1
Asaka	103,5	101,4	104,8	107,4
Marhamat	116,3	111,8	104,3	105,2
Shahrikhan	120,8	114,2	104,0	107,2
Paxtaobod	108,6	112,3	104,1	105,1
Khodjaobod	118,8	107,0	103,5	104,7

Quadro 2.2.1.

O volume de serviços prestados pelos principais tipos de actividades económicas

actividades económicas

(mil milhões de soms)

Tipos de serviços	**2010- y.**	**2014- y.**	**2018- y.**	**2022 ano janeiro-março**
Serviços - total	**1 321,9**	**4 009,1**	**8 011,5**	**3 786,8**
Serviços de informação e comunicação	60,0	280,4	496,9	182,2
Serviços financeiros	136,4	349,9	1 107,7	867,6
Serviços de transporte	395,9	1 122,0	1 906,6	700,5
Incluindo: serviços de transporte rodoviário	379,7	1 096,1	1 855,4	683,5

Quadro 2.2.2

A divisão administrativo-territorial da República do Usbequistão

	Área (milhares de km^2)	**Distritos**	**Total de cidades**	**Assembleias de cidadãos rurais**	**Povoações rurais**
	(2022- yil 1- yanvar holatiga)				
Região de Andijan	**4,30**	**14**	**1 1**	**0**	**455**
Cidade de Andijan	0,07		1		
Cidade de Khonobod	0,04		1		2
Distritos:					

Oltinkul	0,21	1	0		26
Andijan	0,37	1	0		17
Baliqchi	0,34	1	0		44
Bustão	0,20	1	0		37
Buloqboshi	0,18	1	0		19
Jalakuduk	0,37	1	1		47
Izboskan	0,28	1	1		49
Ulug'nor	0,42	1	0		25
Qurgontepa	0,46	1	2		34
Asaka	0,27	1	1		49
Marhamat	0,32	1	1		14
Shahrikhan	0,29	1	1		49
Paxtaobod	0,26	1	1		25
Khodjaobod	0,23	1	1		18

O número de veículos a motor detidos por particulares na nossa república ascende atualmente a 3 383 812. Deste total, a região de Andijan possui 187 000 veículos, o que é um número significativo para Andijan.

O número de veículos a motor registados na região de Andijan (carburador veículos)

Veículos a gasóleo

Veículos a gás

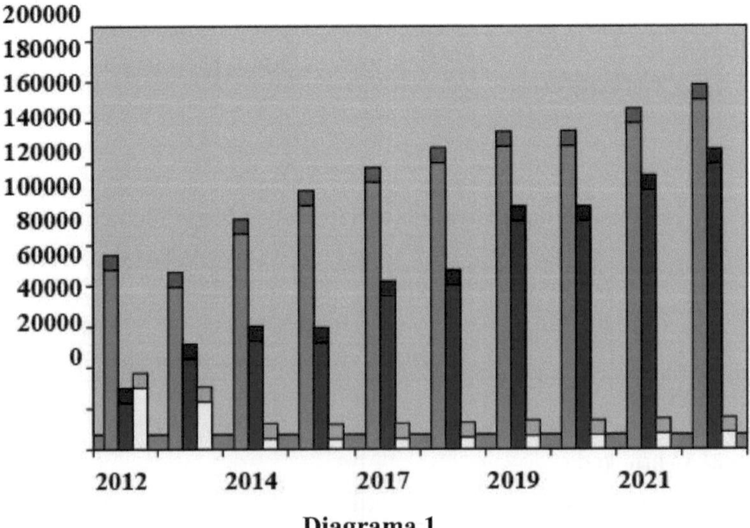

Diagrama 1.

A elevada população da cidade de Andijan, combinada com a sua pequena área terrestre, cria desafios à expansão e desenvolvimento dos serviços de transporte de mercadorias. Atualmente, o transporte de mercadorias na cidade de Andijan é efectuado exclusivamente por empresários individuais. Para melhorar o transporte de mercadorias para os residentes de Andijan, é fundamental desenvolver uma aplicação agregadora que tenha em conta as caraterísticas específicas da cidade, a sua cultura, as condições das estradas e o contexto social da sua população .

Para o efeito, é necessário, em primeiro lugar, um servidor para instalar o software. O servidor pode ser fornecido através de um contrato com a empresa O'ztelecom da República do Uzbequistão. De seguida, será necessário um espaço de escritório no centro da cidade. Além disso, será necessário equipamento informático e um número de contacto curto para comunicação. Depois disso, são essenciais campanhas de sensibilização alargadas junto dos condutores locais. O aumento das encomendas dos clientes desempenhará um papel significativo no sucesso do projeto.

Tabela 6. Volume de transporte por variantes, em milhares de toneladas

№	Pontos de transferência					Receber pontos				
	A	B	V	G	D	A	B	V	G	D
1	900	900	750	1000	400	900	850	700	500	1000
2	450	1050	450	1350	660	880	590	640	850	1000
3	900	900	750	100	400	900	850	700	500	1000
4	1550	1050	1050	950	600	1050	700	1000	1250	1200
5	500	750	620	430	1250	900	700	800	540	610
6	520	710	750	350	510	340	520	630	750	600
7	1100	690	860	450	170	310	780	520	680	980
8	510	490	240	510	650	600	570	370	380	480
9	200	150	450	400	600	300	350	650	250	250
10	600	750	350	450	550	700	850	450	400	300
11	800	450	350	700	600	950	500	450	750	450
12	400	500	600	700	800	450	450	700	750	650
13	300	250	450	550	650	400	400	300	550	550
14	600	400	350	350	600	800	200	450	450	400
15	400	700	850	250	600	700	300	350	450	800

Tabela 7. Distância entre pontos

№	Pontos				№	Pontos			
	A-B	A-V	V-G	G-D		A-B	B-V	V-G	G-D
1	20	50	30	40	9	18	20	24	15

2	15	20	8	9	10	40	10	55	15
3	25	35	23	28	11	60	75	15	45
4	10	45	18	20	12	30	20	13	20
5	40	10	30	25	13	18	62	34	18
6	25	30	25	10	14	30	20	40	35
7	13	18	17	9	15	18	28	36	40
8	15	20	16	20	16	30	40	30	40

Preparação dos dados iniciais.

1. O volume de transporte (para 5-6 pontos interligados) é fornecido por variantes em milhares de toneladas (Tabela 6).
2. Desenhar o diagrama da rede de transportes com as localizações dos clientes.
3. Determinação da descrição da classificação das estradas.
4. Criar um quadro (matriz) de tabuleiro de xadrez (Quadro 7).

Tabela 8.

Pontos de entrega	Receber pontos					Total de carga embarcada, em milhares de toneladas
	A	B	V	G	D	
A	X	300	-	-	200	500
B	400	X	200	100	-	700
V	-	200	X	100	-	300
G	200	200	-	X	-	400
D	-	-	100	200	X	300
Carga total recebida, em toneladas métricas (mt).	600	700	300	400	200	2200

2.2. Ferramentas intelectuais para organizar o transporte de mercadorias por camiões.

Construção do diagrama de fluxo de carga.

Na rede de transporte, o diagrama de fluxo de carga (epure) é exibido em cores diferentes, levando em consideração a quantidade de carga transportada, as rotas de transporte e as distâncias. O diagrama de fluxo de carga é construído na seguinte ordem. Em primeiro lugar, é determinado o comprimento de uma ou mais secções onde se realiza o transporte (Lyu). Em seguida, perpendicularmente a esta linha, os valores do volume de carga (Qy) são traçados numa escala, tendo em conta a distância de transporte. Inicialmente, são marcados os pontos de expedição.

Tabuleiro de xadrez do transporte de mercadorias

O diagrama de fluxo de carga é iniciado a partir dos pontos de receção mais distantes. O diagrama de fluxo de carga é construído com base nas informações do tabuleiro de xadrez do transporte de carga. O diagrama de fluxo de carga tem direcções de movimento de carga diretas e inversas. A direção com um maior volume de carga é considerada a direção direta.

Existem dois cenários possíveis na construção da figura do fluxo de carga: todos os pontos de carga e de destino estão localizados numa linha reta; os pontos de carga e de destino não estão localizados numa linha reta.

Se todos os pontos estiverem localizados numa linha reta e a troca de carga entre eles seguir os dados apresentados no quadro 3, a figura do fluxo de carga terá a seguinte forma

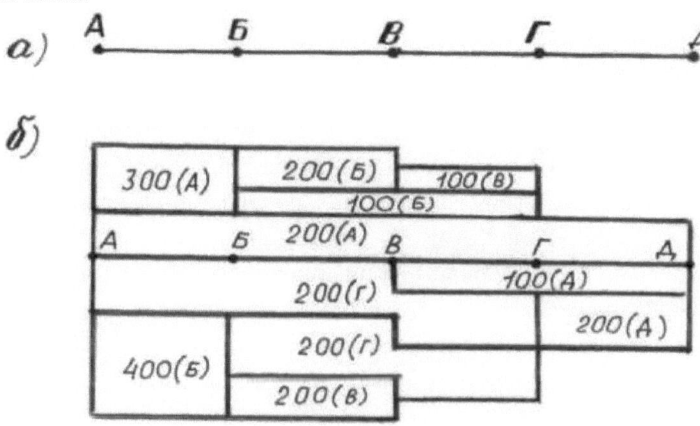

Figura 6.

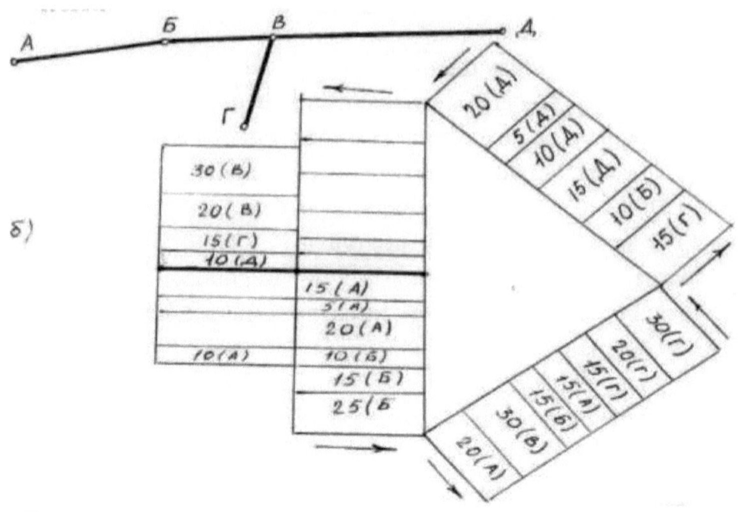

Figura 7.

***Figura 7. a)* Diagrama da disposição dos pontos de expedição e de receção. *b)* fluxo de carga**

Se todos os pontos não estiverem situados numa linha reta (Figura 5) e a troca de carga entre eles for a indicada nos dados do Quadro 8, a figura do fluxo de carga será a seguinte (Figura 2).

Determinação da localização óptima da empresa de transporte automóvel.

O objetivo de determinar a localização ideal para a empresa de transporte motorizado é minimizar a distância percorrida sem carga, maximizar a utilização eficaz do veículo de transporte selecionado e aumentar o coeficiente de utilização da estrada.

A localização da empresa de transportes é determinada com base na análise do quadro do tabuleiro de xadrez (Quadro 9).

Com base na variante fornecida ao candidato, o volume de transporte anual para cada ponto (como indicado na Tabela 9) é preenchido, como demonstrado no exemplo. É selecionado o ponto com o maior volume de transporte.

Tabela 9. Tabela para determinar a localização óptima da empresa de empresa de transporte automóvel

№	Pontos	Volume de carga, m, toneladas		Total, m, toneladas
		Enviado	Recebido	
1	A	500	600	1100
2	B	700	700	1400
3	V	300	300	600
4	G	400	400	800
5	D	300	200	500

Como se pode ver no quadro, o ponto com maior volume de carga é o ponto V (1400 m. toneladas).

Utilizando o diagrama de fluxo de carga (epure), podemos desenvolver rotas de transporte. Os resultados obtidos servirão de dados iniciais para os trabalhos laboratoriais posteriores.

Cada aluno utilizará as informações necessárias dos indicadores e dos resultados do 1º trabalho de laboratório (distâncias entre os pontos de expedição e de receção nos itinerários racionais estabelecidos) para realizar esta tarefa.

Além disso, os seguintes indicadores são retirados do Anexo 1: tipo de TV, capacidade de elevação da carga (qH), em toneladas, determinada de acordo com fontes bibliográficas, Th - o tempo gasto na carga/descarga, em horas;

O agregador foi lançado na cidade de Andijan

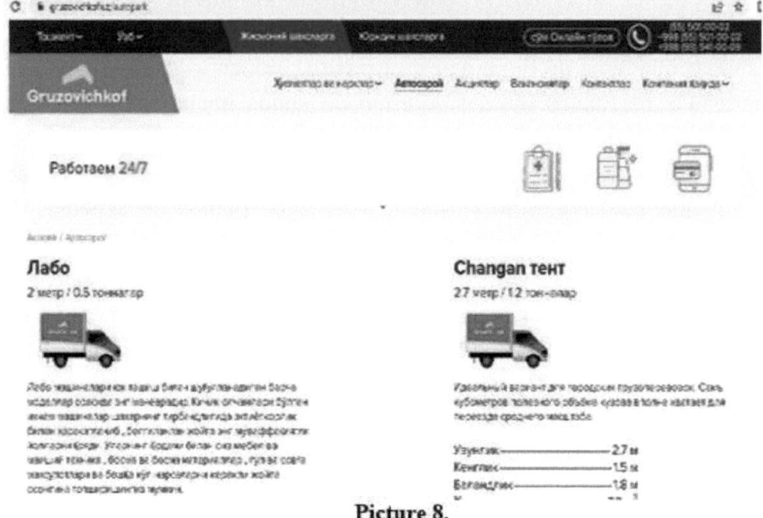

Picture 8.
The aggregator launched in Andijan city

Юк такси

Imagem 9

O agregador foi lançado na cidade de Andijan

Kia Бонго
2.7 метр / 1.5 тонналар

Узунлик — 2.7 м
Кенглик — 1.5 м
Баландлик — 1.8 м
Ҳажм — 7.2 м³
Юк кўтариш қуввати — 1.5 т

Қўнғироқ

Hyundai Портланд
2.8 метр / 1.5 тонналар

Узунлик — 2.8 м
Кенглик — 1.6 м
Баландлик — 1.7 м
Ҳажм — 7.6 м³
Юк кўтариш қуввати — 1.5 т

Қўнғироқ

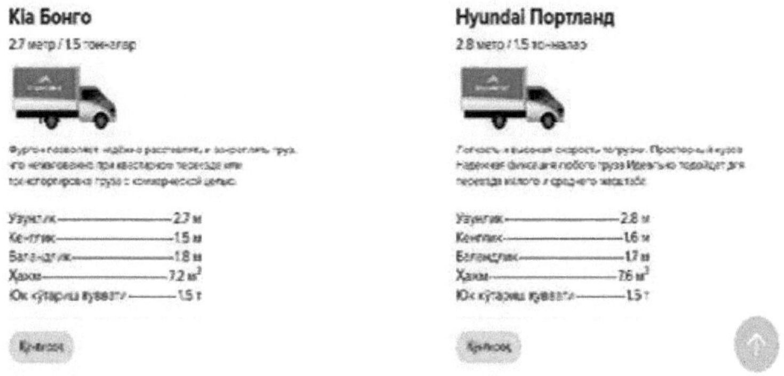

Imagem 10

O agregador foi lançado na cidade de Andijan

Газель тент
3 метр / 1.5 тонналар

Узунлик — 3 м
Кенглик — 1.9 м
Баландлик — 2 м
Ҳажм — 11.7 м³
Юк кўтариш қуввати — 1.5 т

Қўнғироқ

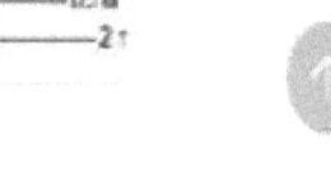

Қўнғироқ

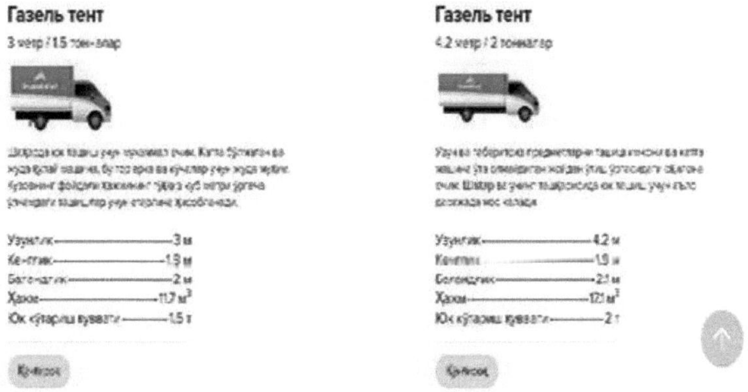

Imagem 11

O agregador foi lançado na cidade de Andijan

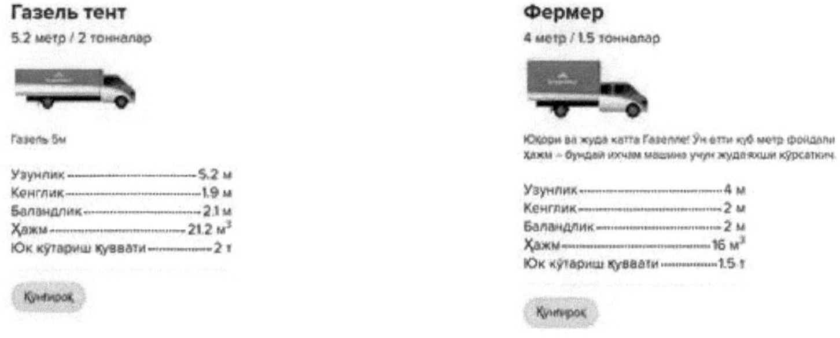

Imagem 12

O agregador foi lançado na cidade de Andijan

Imagem 13

O agregador está planeado para ser lançado na cidade de Andijan

Imagem 14

CONCLUSÕES SOBRE O CAPÍTULO 2

Estamos a planear abrir um centro para motoristas através dos nossos próprios recursos ou com os nossos parceiros. Neste centro, os motoristas terão a oportunidade de aprender a utilizar a nossa aplicação Taximeter; fazer um teste para aumentar a sua classificação no sistema, uma vez que os taxistas com classificações mais elevadas têm prioridade na receção de encomendas; colocar questões e muito mais. Essencialmente, este será um centro de formação de motoristas totalmente funcional. Também planeamos expandir as opções de pagamento no Uzbequistão. Atualmente, os pagamentos de viagens em Tashkent só podem ser feitos em dinheiro, mas, no futuro, planeamos implementar a opção de associar cartões às contas dos utilizadores, permitindo que os pagamentos sejam feitos por transferência bancária. Esta opção será mais conveniente do que os pagamentos em dinheiro, uma vez que, em caso de problemas com uma encomenda, poderemos facilmente cancelar a transação e reembolsar o dinheiro no cartão do cliente.

Como mencionado no início da conversa, planeamos expandir-nos para outras cidades do Uzbequistão, cobrindo pelo menos cinco cidades principais. Repito, o apoio das autoridades locais relativamente aos mapas é muito importante para nós, uma vez que irá acelerar significativamente o processo de entrada nestas regiões. Também planeamos introduzir outras funcionalidades convenientes que já estão disponíveis na aplicação noutros países. Por exemplo, pontos de recolha alternativos: a aplicação irá sugerir que, se o veículo virar na esquina do edifício vizinho ou atravessar a rua, chegará mais rapidamente ao passageiro e a viagem será mais barata. Para isso, temos de aprender a mapear os percursos pedestres nos mapas - atualmente, em Tashkent, só conhecemos os percursos dos automóveis.

Estamos também a trabalhar para melhorar a aplicação para os condutores. Somos frequentemente criticados por não partilharmos os nossos resultados em números. Como empresa pública, não temos o direito de divulgar nada (a Safar Bexatar está cotada na NASDAQ - aproximadamente). Estaríamos dispostos a divulgar algo, mas não gostamos de o fazer a não ser que possamos indicar números específicos - caso contrário, parece injusto. Somos a favor da transparência do mercado, mas esta só pode ser alcançada através dos esforços colectivos de todos os participantes. A conversa incluiu Natalya Juravleva, diretora do serviço de imprensa internacional da Safar Bexatar.Taxi.

Para obter informações mais pormenorizadas sobre as actividades do Safar Bexatar.Taxi em Tashkent, The Mag decidiu contactar diretamente os motoristas do Safar Bexatar.Taxi - eis o que descobrimos. Por razões éticas, não divulgamos os nomes dos motoristas.

ANÁLISE EXAUSTIVA DOS RESULTADOS OBTIDOS

3.1. Metodologia e programa da investigação.

No mundo moderno, incluindo nos transportes, na tecnologia e nos avanços tecnológicos, são utilizados componentes tecnológicos cada vez mais complexos como "sistemas tecnológicos" que interagem entre si, com os empregados e com o ambiente externo. Além disso, cada sistema tecnológico funciona num ambiente mais vasto de outros sistemas tecnológicos.

Enquanto sistema tecnológico, o transporte rodoviário é um conjunto de componentes funcionalmente interligados, incluindo veículos, condutores, serviços e divisões das empresas de transporte, infra-estruturas técnicas de produção, infra-estruturas de transporte rodoviário, terminais de carga e de passageiros e sistemas de organização e regulação da circulação. Estes componentes trabalham em conjunto para assegurar o transporte de mercadorias, passageiros e veículos regulamentados em condições de trabalho óptimas. Os serviços de transporte de veículos rodoviários não estão centralizados. É difícil aceitá-los como um único sistema tecnológico totalmente gerido. Muitas vezes, é visto como um conjunto de subsistemas que interagem e, de certa forma, competem entre si. Ao mesmo tempo, o subsistema de um sistema tecnológico é um sistema tecnológico que se destaca pela sua funcionalidade ou pelas suas caraterísticas sistemáticas relativamente ao sistema tecnológico de nível superior.

Um elemento de um sistema tecnológico é uma parte do sistema que é convencionalmente considerada indivisível numa determinada fase da sua análise.

A investigação de marketing envolve a recolha, o processamento e a análise de dados para reduzir a incerteza nos processos de tomada de decisão.

Em geral, o processo de investigação de marketing inclui as seguintes fases principais: definição das metas e objectivos da investigação, seleção das fontes de informação, recolha de dados, análise dos dados recolhidos, apresentação dos resultados.

Os estudos de mercado modernos podem incluir as seguintes tarefas: descrição da situação atual do mercado de transporte de mercadorias, identificação das taxas de crescimento e da dinâmica do mercado, identificação das principais tendências positivas e negativas do desenvolvimento do mercado, preparação de previsões para o desenvolvimento do mercado, descrição da situação dos vários segmentos do mercado de transporte de mercadorias em diferentes tipos de transporte: ferroviário, rodoviário, fluvial, marítimo e aéreo.

Os principais indicadores do estudo de mercado do transporte de mercadorias incluem: dimensão do segmento, taxas de crescimento, factores de crescimento e abrandamento do mercado, tendências e perspectivas de desenvolvimento do mercado, empresas líderes mundiais e russas e respectivos indicadores de desempenho.

Os métodos de recolha de dados para a investigação de marketing no sector do transporte de mercadorias podem variar e podem incluir: materiais de monitorização de publicações comerciais e especializadas impressas e electrónicas, análises de mercado; a Internet; materiais de empresas de marketing e consultoria; resultados de investigação.

No parágrafo anterior, foram identificados vários tipos de carga. A carga de grandes dimensões requer uma descrição mais pormenorizada porque envolve o processo de transporte mais difícil, que decorre da necessidade de uma abordagem individual a cada elemento da carga. (Galor, 2012, pp. 100-103)

Definição de carga de dimensões diferentes. A carga de dimensões diferentes refere-se a artigos grandes e pesados que, de acordo com os seus parâmetros, não podem ser transportados em contentores ou em veículos normais de transporte rodoviário. Existem determinadas limitações relacionadas com a largura, altura e comprimento. Se estas limitações forem ultrapassadas, a carga é considerada de dimensões excessivas (Bak, 2016, 141-143).

De acordo com a Diretiva 96/53/CE da Comunidade Europeia, os Estados-Membros devem aderir às regras nela descritas. A Diretiva 96/53/CE define as dimensões e os limites de peso permitidos para os veículos de transporte rodoviário utilizados no transporte internacional dentro da União Europeia. Uma combinação de veículos rodoviários com vários reboques pode transportar cargas de grandes dimensões na União Europeia sem autorizações especiais, desde que não excedam as normas prescritas. Os limites de peso e dimensão estabelecidos pela diretiva estão reflectidos nos quadros 1 e 2 (Comissão Europeia, 2017).

Quadro 10

Parâmetros	Veículo de transporte	Imagem
Altura	Para todos os veículos de transporte rodoviário	4.00 m
Largura	Para todos os veículos de transporte rodoviário	2,55 m
	Camião frigorífico com paredes de barreira térmica	2,60 m
Comprimento	Veículos a motor	12.00 m
	Reboque	12.00 m
	Camião com reboque standard	18,75 m
	Camião semirreboque	16.50

Quadro 10. Dimensões máximas autorizadas para veículos de transporte rodoviário

(Comissão Europeia, 2017)

No transporte rodoviário, não só existem limitações em termos de dimensões, como também restrições relacionadas com o peso e as cargas por eixo. Todas estas cargas têm os seus próprios limites, consoante o tipo de veículo de transporte, de acordo com os regulamentos legais. (Comissão Europeia, 2017).

Quadro 11

Parâmetros	Veículo de transporte	Imagem
Peso	Veículos de 2 eixos	18 toneladas
	Veículos de 3 eixos	24 toneladas
	Veículos de 4 eixos	Até 38 toneladas
	Veículos de 5 ou mais eixos	40 toneladas (reboque normal) 44 toneladas (semirreboque para contentores de 40 FEU)
Cargas por eixo	Eixos simples	10 toneladas
	Eixos de tração	11,5 toneladas
	Eixos em tandem	Até 20 toneladas
	Tri-eixo	Até 24 toneladas

Tabela 11. Peso máximo autorizado e carga por eixo para veículos de transporte rodoviário. (Comissão Europeia, 2017)

O limite máximo de carga por eixo depende da distância entre os eixos. Por conseguinte, existem restrições específicas para diferentes distâncias entre eixos:

Limites de carga dos eixos em tandem

- Menos de 1 m (11 toneladas)
- Menos de 1 m e até 1,3 m (16 toneladas)
- Menos de 1,3 m e até 1,8 m (18 toneladas)
- 1,8 m ou mais (20 toneladas)

Limites de carga dos eixos das árvores

- 1,3 m ou menos (21 toneladas)
- Mais de 1,3 m e até 1,4 m (24 toneladas)

De acordo com as diferentes distâncias entre eixos, a carga total nos sistemas tandem ou tri-eixo não deve exceder os limites estabelecidos. As informações pormenorizadas sobre o peso máximo admissível e a carga por eixo dependem do modelo específico do veículo. (Comissão Europeia, 2017).

A Diretiva 96/53/CE inclui uma exceção que permite a cada Estado-Membro da União Europeia exceder os parâmetros acima mencionados para o peso e as dimensões máximas dos veículos. No entanto, estas regras só se aplicam no território do país que as estabeleceu.

Os parâmetros seguintes são especificados com os seus limites permitidos (Centro de Desenvolvimento Económico, Transportes e Proteção do Ambiente, 2017, 1-2):

- Altura máxima: 4,40 m
- Comprimento máximo de um camião com reboque simples: 25,25 m
- Limitação para veículos de 3 eixos: 26 toneladas
- Limitação para veículos de 5 eixos: 44-76 toneladas para os camiões com semirreboque e 42-48 toneladas para os camiões com reboque simples.

As cargas que excedem os limites de peso ou de carga permitidos são classificadas como "cargas pesadas". As cargas que excedem as dimensões máximas especificadas são consideradas "cargas sobredimensionadas". Se a carga exceder qualquer um dos parâmetros indicados no Quadro 1 ou no Quadro 2, bem como os indicados na legislação nacional, é automaticamente classificada como carga de grandes dimensões. O termo "carga sobredimensionada" é um termo geral para mercadorias grandes e pesadas. (Transportxxl, 2016).

As cargas de grandes dimensões, designadas por cargas não normalizadas, requerem equipamento e veículos de transporte especiais para garantir uma entrega segura do expedidor ao destinatário. Existem três factores principais que definem a carga de grandes dimensões: peso, dimensões e forma, que são fundamentais para o transporte. Com base nestas categorias, são identificados os tipos de carga de grandes dimensões. (Galor, 2016, 2).

A carga de tamanho normal inclui vários tipos de estruturas de aço, maquinaria de construção compacta e equipamento. O peso desta carga não excede as 30 toneladas e as suas dimensões excedem os parâmetros padrão para o transporte rodoviário, com um comprimento de 15-16 metros, uma largura de 3,5-4,0 metros e uma altura de 3,0-3,5 metros. Assim, o transporte deste tipo de carga é normalmente efectuado por camiões equipados com os sinais e marcas de identificação adequados. (Galor, 2016, 2).

A carga de dimensões especiais refere-se a elementos pesados, como bacias para a indústria alimentar, vários incineradores para centrais eléctricas ou componentes para grandes máquinas utilizadas em operações mineiras a céu aberto. Apesar das suas dimensões variáveis, estas cargas são frequentemente relativamente leves. Assim, a pressão sobre a superfície da estrada não tem qualquer impacto negativo, mas existem restrições quanto às dimensões da carga, como um comprimento de 10 metros, uma largura de 7 metros e uma altura de 6 metros. (Galor, 2016, 3).

Os transportadores de carga pesada incluem carga de grandes dimensões, como turbinas e motores. Estas cargas têm um peso muito maior em comparação com o seu tamanho relativamente pequeno. O peso deste tipo de carga excede as 100 toneladas e pode chegar às 300 toneladas. Estas cargas podem ser transportadas em camiões multieixos com semirreboque. (Galor, 2016, 3).

Devido ao seu peso e dimensão, **as cargas grandes e maciças** têm frequentemente de ser transportadas por via marítima ou fluvial. Por exemplo, se um objeto tiver 40 metros de altura, o seu peso pode chegar às 900 toneladas. (Galor, 2016, 4).

Cargas longas, como colunas de construção e componentes de turbinas eólicas, podem atingir um comprimento de até 60 metros, embora as outras dimensões mensuráveis não excedam os parâmetros padrão. (Galor, 2016, 4).

Todos estes tipos de carga pertencem à categoria de carga de grandes dimensões. Esta classificação permite a rápida identificação da carga de grandes dimensões e ajuda a selecionar o método de transporte adequado. (Galor, 2016, 4).

O Centro de Desenvolvimento Económico, Transportes e Proteção Ambiental fornece dados estatísticos sobre o número de autorizações emitidas para transportes que excedem a norma. De acordo com o relatório no seu sítio Web oficial, são necessários documentos de autorização especiais para o transporte de cargas de grandes dimensões.

Na Europa, são vendidas anualmente entre 10.000 e 14.000 unidades. A figura 1 a seguir apresenta dados sobre a demanda no mercado de transporte de cargas superdimensionadas. (Centro de Desenvolvimento Económico, Transportes e Proteção Ambiental, 2015).

O número de licenças emitidas pelo centro ELY. (Centro de Desenvolvimento Económico, Transportes e Proteção do Ambiente, 2015)

Este indicador reflecte a tendência registada na última década. De 2004 a 2008, observou-se um aumento da procura. Nos anos seguintes, a procura de autorizações para o transporte de carga de grandes dimensões não foi constante. A procura mais elevada ocorreu em 2011, enquanto o ponto mais baixo da procura foi observado em 2013. Assim, observou-se uma diminuição da procura de transporte de carga sobredimensionada entre 2004 e 2014. A tendência dos últimos dois anos foi influenciada pelos controlos realizados sobre esta questão. (Centro de Desenvolvimento Económico, Transportes e Proteção do Ambiente, 2015)

No entanto, o desenvolvimento moderno da tecnologia é um dos factores mais dinâmicos que afectam o mercado de entrega de carga de grandes dimensões, uma vez que conduz a uma expansão do âmbito das indústrias transformadoras, o que, por sua vez, assegura a procura de serviços de logística, incluindo a

entrega de carga de grandes dimensões. (Atomenergomash, 2015, pp. 20-31)
Uma das etapas de um projeto logístico é a seleção do modo de transporte adequado. A escolha do modo de transporte adequado é uma parte crítica do projeto. Cada tipo de transporte tem as suas próprias vantagens e desvantagens. Muitos camiões são concebidos para cargas normais que não excedem os parâmetros máximos estabelecidos pelas autoridades. De acordo com a legislação finlandesa, a carga normal não deve exceder as dimensões de 2,6 m de largura, 4,4 m de altura e 25,25 m de comprimento. O transporte de carga anormal pode apresentar algumas dificuldades.

O primeiro problema é a grande capacidade da carga. O segundo problema é que a carga não pode ser dividida em partes, o que impossibilita a entrega em secções. Por conseguinte, é necessário um transporte especializado para este tipo de entregas. (Bak, 2016, pp. 140-142)

Estão disponíveis os seguintes tipos de transporte:

Transporte rodoviário: O transporte por camião é o método mais popular de transporte de carga em todo o mundo, porque mesmo quando uma empresa de logística utiliza outros modos de transporte, como o aéreo, o marítimo ou o ferroviário, é necessário um camião para a entrega final do centro de transporte ao destino.

Entrega no destino final: O transporte rodoviário tem vantagens significativas em relação a outros modos de transporte, uma vez que oferece um serviço porta-a-porta. Isto significa que o destinatário não precisa de ir buscar a mercadoria a um local central, uma vez que esta é entregue diretamente no endereço do cliente.

Além disso, este modo de transporte permite prazos de entrega mais flexíveis, uma vez que não existe um horário rígido para os camiões, o que o torna mais conveniente para os clientes. Os camiões são frequentemente mais económicos para distâncias curtas e médias em comparação com outros métodos de transporte. No entanto, a entrega a longa distância através de transporte rodoviário pode ser mais cara.

O transporte rodoviário está também associado ao risco de acidentes, pelo que a carga transportada deve ser objeto de seguro. Existem veículos especializados para o transporte de cargas de grandes dimensões, uma vez que nem todos os camiões são capazes de suportar este tipo de carga.

Em muitos casos, o reboque de um veículo de transporte depende dos parâmetros da carga de grandes dimensões que está a ser transportada. Cada reboque tem o seu peso e as suas dimensões específicas. Os tipos de reboque mais adequados são o reboque plano, o reboque rebaixado e o reboque plano extensível. (Kristofer, 2016, 72-84). As vantagens e desvantagens destes tipos de transporte são apresentadas na Tabela 11.

Vantagens	Desvantagens
1. Económica 2. Velocidades de entrega rápidas 3. Tipo de transporte mais flexível 4. Fácil de seguir a localização da carga	1. Impacto do mau tempo 2. Eventuais atrasos 3. Risco de acidentes rodoviários

Tabela 11. Vantagens e Desvantagens do Transporte Rodoviário.

Transporte ferroviário

O transporte ferroviário desempenha um papel importante na infraestrutura de transportes de qualquer país, uma vez que o desenvolvimento dos caminhos-de-ferro tem um impacto direto no comércio e no desenvolvimento industrial. Geralmente, este modo de transporte é utilizado para a entrega a longa distância de grandes volumes de mercadorias. O transporte ferroviário faz parte de uma cadeia intermodal, entregando as mercadorias em portos ou pontos designados para posterior transporte. Muitas vezes, o transporte ferroviário incorre em custos relacionados com a transferência de mercadorias do comboio para outros modos de transporte. Estes custos podem ser reduzidos através da utilização de contentores, que são mais fáceis de manusear durante a carga e a descarga.

Embora o transporte ferroviário não ofereça a mesma flexibilidade que o transporte rodoviário, pode ser economicamente mais eficiente em determinadas situações, como as longas distâncias. O transporte ferroviário é mais comummente utilizado para mercadorias a granel devido à sua grande capacidade de carga. Além disso, o transporte ferroviário é geralmente mais conveniente para a entrega de mercadorias de grandes dimensões em longas distâncias, em comparação com o transporte rodoviário, que exige maior atenção por parte do transportador. Além disso, o transporte ferroviário é considerado um dos métodos de transporte mais seguros, uma vez que apresenta o menor risco de acidente em comparação com outros modos de transporte. *(Christopher, 2016, 72-84)*. Vantagens e Desvantagens do Transporte Ferroviário:

Vantagens	Desvantagens
1. Independência das condições climatéricas 2. Custo relativamente baixo	1. número limitado de rotas 2. incapacidade de adaptação às necessidades específicas

Quadro 12. Vantagens e desvantagens do transporte ferroviário.

Transporte aéreo.

As operações de carga aérea são o método mais rápido de entrega de mercadorias desde o ponto de origem até ao destino. No entanto, o transporte aéreo é também o modo de transporte mais dispendioso. Este modo é particularmente adequado para mercadorias perecíveis que precisam de ser entregues num curto espaço de tempo. No entanto, existem desafios com o transporte aéreo quando se trata de grandes remessas, uma vez que a capacidade de carga dos aviões é mais limitada em comparação com outros modos de transporte...

Por isso, existem vários aviões capazes de transportar vários tipos de carga, como o Antonov. No entanto, de um modo geral, este modo de transporte não é adequado para o transporte de cargas de grandes dimensões e pesadas. (Kristofer, 2016, 72-84). De seguida, apresentam-se as vantagens e desvantagens do transporte aéreo:

o/n	Vantagens	Desvantagens
1	Velocidade de entrega mais elevada	Modo de transporte mais caro
2	Capacidade de entregar a carga à distância	Espaço de carga e capacidade de peso limitados
3	locais	Dependência das condições climatéricas

Tabela 13. Vantagens e desvantagens do transporte aéreo (Kristofer, 2016, 72-84).

Transporte marítimo. O transporte marítimo detém a maior quota no mercado internacional de exportação. Isso porque, dentre todos os tipos de transporte, é o que possui maior capacidade de carga, garantindo a entrega de grandes volumes de mercadorias e diversos tipos de carga. Além disso, esse modo de transporte exige os menores custos em relação a outras alternativas. O baixo custo do transporte marítimo é resultado da sua velocidade mais lenta.

As entregas por este modo de transporte implicam frequentemente tempos de espera mais longos, que dependem das condições climatéricas. Por conseguinte, este método não é adequado para mercadorias perecíveis, uma vez que o tempo de entrega pode reduzir a qualidade desses produtos. (Instituto de Tecnologia Marítima dos Países Baixos, 2014, p. 12-17).

t/r	Vantagens	Desvantagens
1	Entrega de quaisquer mercadorias	Prazo de entrega mais longo
2	O custo de transporte mais baixo	É difícil controlar a colocação da carga
3		Dependência das condições climatéricas

Tabela 14. Vantagens e desvantagens do transporte marítimo (Instituto de

Tecnologia Marítima dos Países Baixos, 2014, p. 12-17).

Para comparar estes modos de transporte, é necessário examinar a Tabela 15, que mostra a relação de cada tipo de transporte com os critérios relevantes. (Manual de Logística, 2015, p. 4-6).

\ Rejim Mezonlar	Tu	Temiryo'l	Havo	dengiz
Tezlik	Yuqori	O'rtacha	Juda baland	Sekin
Narxi	Yuqori	O'rtacha	Yuqori	**Kam/juda passado**
Moslashuvchanlik	Yuqori	Passado	Passado	O'rta
Tarmoq	Keng	Cheklangan va belgilangan	Cheklangan	Cheklangan
дa bog'liqlik ob-havo sharoiti	O'rtacha	Passado	Yuqori	Yuqori

Tabela 15. Comparação de critérios para diferentes tipos de transporte (Logistics Handbook, 2015, p. 4-6).

Todos os tipos de transporte têm caraterísticas completamente diferentes, não só devido às suas caraterísticas específicas, mas também porque satisfazem critérios variáveis em termos de custos, rapidez e flexibilidade. Para satisfazer as exigências requeridas, é necessário selecionar o modo de transporte adequado. O transporte multimodal pode proporcionar a entrega mais eficiente, combinando as melhores caraterísticas de todos os tipos de transporte. (Manual de Logística, 2015, p. 4-6).

A maioria das mercadorias pode ser transportada por vários modos de transporte, mas há produtos com requisitos específicos, como cargas com excesso de tamanho ou de peso, ou mercadorias perecíveis que requerem um manuseamento especial. Além disso, os requisitos do cliente devem ser tidos em conta durante o processo de seleção. Outro aspeto importante a considerar é o tipo e o modelo do veículo de transporte que participa na cadeia logística. (Manual de Logística, 2015, p. 4-6).

Critérios de seleção do modelo

Para selecionar corretamente um dos tipos de transporte, é inevitável criar uma matriz com parâmetros influentes. Os seguintes critérios-chave são essenciais (Logistics Handbook, 2015, p. 4-6):

- Custo do serviço de transporte
- Flexibilidade (capacidade de adaptação às necessidades dos clientes)
- Rede (disponibilidade em diferentes locais)
- Dependência das condições climatéricas

Em função das necessidades específicas, são escolhidos os factores mais importantes para o cliente. A escala de avaliação na Tabela 8 é a seguinte: 1 - Melhor, 4 - Pior.

Caraterísticas	**Estrada**	**Carris**	**Ar**	**Mar**

Velocidade	2	3	1	4
Custo	3	2	4	1
Flexibilidade (capacidade de adaptação às necessidades dos clientes)	1	2	3	4
Rede (disponibilidade em diferentes locais)	1	4	2	3
Condições climatéricas	2	1	4	3
Total	**9**	**12**	**14**	**16**

Tabela 16. Comparação dos diferentes modos de transporte (Manual de Logística, 2015, p. 4-6).

Uma abordagem estrutural é muito útil para determinar o modo de transporte adequado para uma carga específica. Ajuda a considerar os seguintes factores (Logistics Operational Handbook, 2015, p. 4-6):

> **As oportunidades e os condicionalismos** são identificados em resultado de uma análise cuidadosa de todos os aspectos importantes.

> **Os factores geográficos** devem ser considerados, uma vez que podem excluir a possibilidade de utilizar determinados modos de transporte.

> **A análise da infraestrutura de transportes adequada** ajuda a evitar a tomada de decisões incorrectas.

Cada modo de transporte tem as suas próprias vantagens e desvantagens, pelo que, para tomar a decisão certa, é essencial analisar cuidadosamente a situação, nomeadamente as caraterísticas das mercadorias e os factores que as influenciam. (Christopher, 2016, p. 72-84).

3.2 Colocação e fixação da carga

Durante o processo de implementação, o transporte de vários tipos de carga apresenta frequentemente muitos desafios. Por exemplo, os processos de carga e descarga. Pode ser utilizado equipamento especial, como gruas e dispositivos de elevação, para estas operações. Se necessário, os dispositivos de elevação podem incluir macacos, lingas, cabos e ganchos. Todo o equipamento deve ser certificado e ter a capacidade de elevação adequada. Além disso, são necessários trabalhadores experientes e qualificados com um elevado nível de especialização para o carregamento deste tipo de carga.

Um passo crucial após o carregamento é o acondicionamento da carga. (Allianz, 2014, p. 20-27). Fixar a carga de forma fiável e segura na plataforma de transporte é uma parte fundamental para organizar com sucesso a entrega de mercadorias de várias dimensões.

Registaram-se muitos casos de perda de carga e de danos ambientais. Além disso, a perda de carga pode, por vezes, causar a morte de pessoas próximas do local do acidente. As causas de tais incidentes são frequentemente o equipamento incorreto ou inadequado, a colocação incorrecta ou a proteção

inadequada da carga. (Reimers, S., et al., 2015, p. 7-12).
Existem vários grupos que permitem classificar as consequências dos acidentes:
Danos às pessoas e ao ambiente: As consequências deste grupo são as mais graves, pois causam danos irreparáveis à vida humana e ao ambiente.
Danos nos veículos de carga: Se o acondicionamento da carga estiver comprometido, a primeira barreira é o próprio veículo de carga, que pode sofrer danos significativos em resultado disso.
Danos na carga: A carga em si é, na maioria das vezes, a fonte dos danos, razão pela qual os proprietários de cargas seguram as suas mercadorias para minimizar os riscos.
Consequências económicas: Os danos na carga provocam atrasos, encurtamento dos prazos de entrega, perdas económicas e uma redução da base de clientes devido à insatisfação dos mesmos.
Consequências combinadas: Este grupo envolve reacções em cadeia, que podem ocorrer devido a pequenos defeitos no acondicionamento da carga que, combinados com outros factores, resultam no afundamento do navio. (Reimers, S., et al., 2015, p. 7-12).

Documentos regulamentares e diretrizes

Na Europa, o quadro geral da legislação relativa à segurança do transporte de mercadorias é definido por normas e diretrizes. As diretivas funcionam como documentos regulamentares que garantem a segurança adequada da carga em condições normais de transporte. Existem vários princípios para garantir o correto acondicionamento da carga no transporte rodoviário. Esta informação está reflectida nas seguintes normas. (Galor, et al., 2012, p. 191-193):

1. **PN-EN 12640**: Proteção da carga em veículos rodoviários
2. **PN-EN 12195-1**: Fixação da carga em veículos rodoviários - Parte 1: Sistemas
3. **PN-EN 12195-2**: Amarração da carga - Parte 2: Amarração
4. **PN-EN 12195-3**: Amarração da carga - Parte 3: Documentação
5. **PN-EN 12195-4**: Amarração da carga - Parte 4: Componentes para sistemas de amarração
6. **PN-EN 12642**: Proteção da carga em veículos de transporte

Além disso, existe um documento que inclui informações sobre a aplicação prática destas normas, intitulado **European Best Practice Guidelines for Cargo Securing in Road Transport**. Estas diretrizes baseiam-se na norma EN 12195-1 acima referida. Os métodos descritos neste documento prevêem a utilização de equipamento adicional em situações específicas, como o acondicionamento de cargas de grande volume. (Comissão Europeia, 2016, p. 9-14).

As informações pormenorizadas sobre cargas específicas e métodos alternativos para o acondicionamento da carga são fornecidas em orientações adicionais, que não contêm requisitos ou restrições obrigatórios e não devem contradizer as normas europeias existentes (Galor, 2012, p. 191-193).

De acordo com as disposições legais, o motorista responsável pelo transporte internacional de mercadorias é responsável por assegurar o correto acondicionamento da carga. Se o acondicionamento não estiver em conformidade com a regulamentação aplicável, o transporte será suspenso até que a proteção adequada seja instalada (Galor, et al., 2012, p. 191193).

Proteção do equipamento

A carga é afetada por vários tipos de forças. A primeira categoria inclui forças que tentam manter a carga no seu lugar, como a gravidade e a fricção. A segunda categoria envolve forças que tentam deslocar a carga, incluindo a aceleração, a desaceleração, as vibrações e as forças centrífugas. Sem a fixação do equipamento, a carga deslocar-se-á porque estas forças não estão equilibradas. Por conseguinte, é utilizado equipamento especial para garantir que a carga é mantida no lugar. Este equipamento é classificado da seguinte forma (Reimers, S., et al., 2015, p. 24-30):

Este equipamento inclui cintas, correntes e cabos de aço. Estes dispositivos são normalmente utilizados no transporte rodoviário. Os cabos de aço são utilizados para tipos específicos de carga. Todos os dispositivos de fixação acima referidos apenas podem transmitir forças de tração.

Cada um destes dispositivos de fixação tem a sua própria capacidade de carga máxima, designada **por Capacidade de Amarração (CA)**. (Reimers, S., et al., 2015, p. 24-30)

1. Equipamentos que aumentam o atrito

Este equipamento é fabricado com materiais de elevado atrito, concebidos para aumentar o atrito entre a plataforma do veículo e a carga. Estes equipamentos podem incluir tapetes, revestimentos, tapetes de borracha e folhas de papel antiderrapante. Podem ser instalados na plataforma ou na própria carga. (Reimers, S., et al., 2015, p. 24-30).

2. grelhas de bloqueio

As grelhas de travamento são instaladas na plataforma do veículo para impedir a deslocação da carga. Estas grelhas podem ser montadas verticalmente ou horizontalmente no veículo. A capacidade de carga da barra de travamento num veículo depende da sua instalação. (Reimers, S., et al., 2015, p. 24-30).

3. Protectores de cantos

Os cantos afiados da carga representam um risco significativo para os dispositivos de fixação. Por conseguinte, estão disponíveis protectores de cantos para garantir a segurança da carga, evitando danos no equipamento de fixação. (Reimers, S., et al., 2015, p. 24-30).

Todo o equipamento utilizado deve ser adequado ao peso, dimensão e estrutura da unidade de carga, de modo a garantir a segurança da carga. Diferentes tipos de carga requerem elementos de proteção especiais que devem cumprir as certificações relevantes. O equipamento de proteção da carga pode ser altamente complexo e, por isso, a sua utilização requer a análise da situação por um perito. (Reimers, S., et al., 2015, p. 24-30).

Métodos de segurança

O principal objetivo dos sistemas de fixação é impedir que a carga se desloque, incline ou deforme em qualquer direção. Estes movimentos são provocados pela aceleração, desaceleração, vibrações e forças centrífugas que actuam no veículo. Para contrariar os efeitos destas forças, são necessários os seguintes métodos ou as suas combinações (Reimers, S., et al., 2015, p. 35-42):

1. **Amarração.** O sistema de amarração é considerado um dos melhores métodos para garantir a segurança da carga no transporte rodoviário. Este sistema requer formas e dispositivos especiais que permitam a ligação entre o veículo e a carga. A aplicação deste método deve estar de acordo com as especificações técnicas e regulamentos do fabricante. (Galor, et al., 2012, p. 194-200).

2. **Bloqueio.** O método de travamento local exige uma rigidez suficiente da carga. Nesta abordagem, são criados suportes rígidos em quatro direcções - para a frente, para trás e para os lados - para impedir qualquer movimento da unidade de carga. Por conseguinte, a carga deve ser colocada contra estas barreiras ou outras mercadorias para evitar deslocações. Se a carga for suscetível de se dobrar, os suportes devem ser instalados a uma altura adequada, acima do centro de gravidade. Para cargas de formato cilíndrico, são utilizados calços para evitar a rotação. O ângulo dos calços deve ser de 37 graus para impedir o movimento para a frente ou para trás e de 30 graus para impedir a rotação lateral. Todos os espaços vazios devem ser minimizados com um travamento global. São aceitáveis pequenos espaços entre cargas não preenchíveis. (Reimers, S., et al., 2015, p. 35-42).

3. **Segurança baseada na força de inércia.** A essência deste método de fixação reside na criação de uma força contra a inércia através da ligação de elementos que se opõem a essas forças. Dependendo do tipo de carga, são necessárias diferentes abordagens. Ao trabalhar com unidades de carga de várias dimensões e com excesso de peso, é fundamental analisar exaustivamente os parâmetros da carga para selecionar o método de amarração adequado. (Galor, et al., 2012, p. 194-200).

Se a unidade de carga tiver pontos de amarração fixos, deve ser fixada com quatro amarrações. Todas as amarrações devem ligar os quatro pontos de amarração do veículo e os quatro pontos de amarração da carga em direcções diagonais. Os ângulos entre a plataforma de carga do veículo e as amarrações devem, idealmente, situar-se entre 30 e 45 graus. Existem vários tipos de dispositivos de proteção utilizados para acondicionar a carga desta forma, incluindo

1. **Amarração direta**
2. **Amarração diagonal**
3. **Amarração paralela**
4. **Amarração de meia-volta**
5. **Amarração por mola**

A amarração de topo é um método específico, também conhecido por amarração por atrito. Este método é utilizado para aumentar o atrito entre a unidade de carga e a superfície da plataforma de carga. É conseguido pressionando a parte superior da carga para baixo sobre a plataforma. (Reimers, S., geralmente, 2015, 35-42).

Todos os sistemas de acondicionamento da carga disponíveis podem ser combinados, desde que não haja necessidade de outros sistemas de proteção, com exceção do sistema de amarração. A norma EN12195-1 descreve várias combinações destes métodos (Reimers, S., geralmente, 2015, 35-42). No entanto, existem muitas situações em que são necessárias soluções não convencionais, como suportes soldados. Por exemplo, podem ser necessários suportes em casos com uma posição inclinada para evitar a deformação da base. (Heavy Transport, 2016, 1-2).

Em muitos casos, para assegurar a entrega de várias mercadorias através do transporte rodoviário, é utilizado o tipo adequado de camião, como os de plataforma plana, de plataforma aberta ou os lowboys. É necessário desenvolver disposições especiais para acondicionar cargas de diferentes dimensões ou de grandes dimensões que requerem grande atenção durante o transporte. Por conseguinte, é necessária uma equipa profissional de especialistas para garantir a segurança adequada das mercadorias. (Galor, geralmente, 2012, 194-200).

Estes métodos permitem proteger os condutores, os peões e quaisquer outros terceiros. Todos estes métodos devem ser capazes de resistir a eventuais condições meteorológicas como a chuva, o vento ou a humidade. (Galor, geralmente, 2012, 194-200).

Inspeção da segurança da carga

De acordo com o artigo 13.º e o anexo 5 da Diretiva 2014/47/UE, as inspeções rodoviárias são realizadas para verificar a segurança da carga. Todos os

processos de inspeção devem basear-se nos princípios e nas orientações normalizadas da norma EN 12195-1. (Comissão Europeia, 2016, pp. 9-13).
O método de inspeção implica que o inspetor verifique visualmente a quantidade adequada de equipamento de proteção e o seu estado. O inspetor deve ter em conta todos os elementos de proteção que afectam o sistema de proteção da carga. (Galor, geralmente, 2012, pp. 191-193).

3.3.Rota de entrega óptima

Uma das fases mais difíceis e importantes na organização da entrega de remessas de várias dimensões é a determinação da melhor rota de transporte. Todos os tipos de mercadorias têm as suas próprias formas, parâmetros e outras caraterísticas não normalizadas, que devem ser tidas em conta ao definir a rota ou ao desenvolver o plano do projeto. Não existem soluções pré-estabelecidas para o transporte de tais mercadorias.
Por conseguinte, é necessária uma abordagem individual que tenha em conta todos os factores que influenciam o planeamento do itinerário. (Adesiyun & Ihs, 2010, 26-33).
O planeamento de rotas visa encontrar a rota mais optimizada. Tal implica não só a distância e o tempo de entrega, mas também o estudo do impacto do transporte de grandes volumes de mercadorias, como a deterioração das estradas, o desmantelamento e a montagem de elementos de infra-estruturas e o impacto ambiental. (Stalogistics, 2017, 1-2).
O planeamento da rota consiste em várias fases:

- A primeira etapa é identificar todas as rotas permitidas que atendam aos requisitos para o transporte de mercadorias de grande porte e excesso de peso, de acordo com os parâmetros da carga. Este processo baseia-se em atributos como as restrições físicas e legais.
- A fase seguinte consiste em calcular os custos do tipo de transporte selecionado para encontrar o itinerário economicamente mais eficiente. Depois de determinar o itinerário com o custo mais baixo, é necessário ter em conta outros factores.

Por exemplo, os custos de infra-estruturas e o impacto ambiental podem ser reduzidos. (Adesiyun & Ihs, 2010, 26-33).
A rota mais optimizada é atribuída ao motorista responsável pelo transporte bem sucedido de mercadorias de grandes dimensões. O motorista é informado pelo operador de expedição sobre quaisquer situações críticas e outros aspectos importantes durante o transporte para garantir a conclusão bem sucedida da entrega. Esta abordagem ajuda a evitar vários problemas que poderiam afetar negativamente o tempo de entrega e a segurança. Existem orientações para a planificação do itinerário, que incluem as quatro áreas seguintes: (Adesiyun &

lhs, 2010, 26-33).

1. **Mapeamento de processos**
- Analisar o mapa
- Identificar os condicionalismos das infra-estruturas
- Marcação de restrições no mapa
- Recolha de dados

2. **Orientação do trajeto**
- Desenvolvimento de possíveis itinerários com base nos dados recolhidos
- Critérios de seleção de rotas:
- Consumo mínimo de combustível
- Redução do impacto ambiental (emissões e ruído)
- Melhorar a segurança
- Reduzir os danos nas infra-estruturas (pontes e estradas)
- Qualidade das estradas
- Seleção do itinerário mais optimizado (que resulte no menor custo global, combinando os critérios acima mencionados)

3. **Apoio ao condutor**
- Monitorização da localização do veículo
- Recolha de informações sobre situações ao longo do itinerário
- Notificações de condutores
- Velocidade segura para uma secção específica da estrada
- Avisos sobre curvas apertadas
- Limites de velocidade
- Velocidade recomendada para um camião com diferentes dimensões de carga com base no risco de inclinação ou capotamento
- Avisos sobre ventos fortes e estradas estreitas
- Selecionar o itinerário recomendado

1. **Infra-estruturas críticas**
   - o Otimização das infra-estruturas críticas
   - o Pontes e túneis
   - o Utilização de cenários de controlo "what-if" em caso de situações imprevistas

Esta abordagem sistemática fornece soluções para o planeamento de rotas e a navegação do condutor para garantir a segurança dos transportes, reduzir os danos nas infra-estruturas e minimizar o impacto ambiental. Além disso, a análise de mapas permite a identificação de infra-estruturas críticas e a utilização optimizada de áreas como túneis e pontes. Todas as fases do planeamento de rotas envolvem processos de coordenação e

responder rapidamente a factores externos. O processo de planeamento de rotas pode ser ilustrado na Figura 15. (Bazoras, et al., 2013, 19-24).

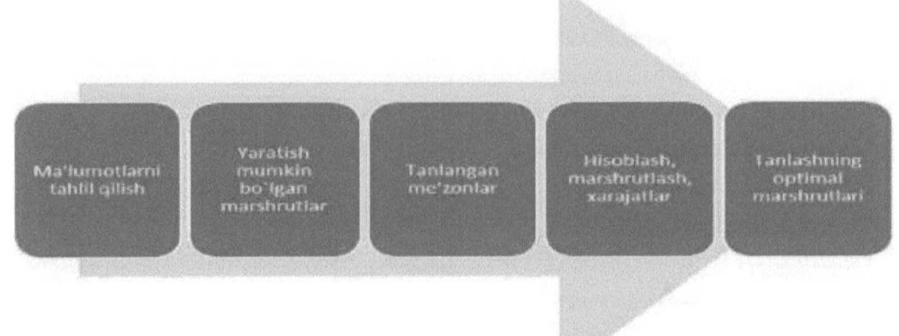

Figura 1. Processo de planeamento de rotas. (Bazoras, et al., 2019).

O processo de determinação do itinerário de entrega depende de parâmetros como o tipo de veículo de transporte, a dimensão da carga, as condições de transporte, as restrições de infra-estruturas e o tempo de entrega necessário. Isto faz com que o processo de planeamento da rota seja frequentemente único para cada implementação. (Bazoras, et al., 2013, 19-24).

Para o transporte rodoviário de cargas de grandes dimensões, as principais barreiras infra-estruturais incluem pontes, passagens superiores, pequenos raios de curva ou larguras estreitas das estradas, qualidade da estrada, objectos localizados perto das estradas e linhas eléctricas aéreas que atravessam as estradas. Se necessário, para garantir a segurança do transporte, as barreiras infra-estruturais podem ser desmanteladas. (Murrey, 2016, 1-2).

Em última análise, a aplicação do planeamento de rotas envolve a seleção das rotas mais eficientes que cumprem todos os parâmetros necessários para minimizar o objeto escolhido e fazer a utilização mais eficaz dos recursos da empresa. Entre as rotas óptimas, é considerada a solução mais eficiente. Esta pode ser analisada através de simulação matemática e de software especializado. (Bazoras, et al., 2013, 19-24). **3.4. Documentos necessários para o transporte de cargas de grandes dimensões**

As empresas precisam de documentos para transportar cargas de várias dimensões. Existem dois grupos de documentos: normais e especiais.

Devem ser sempre preparados **documentos normalizados**. Para cargas anormais, devem ser preparados documentos adicionais que permitam o transporte desse tipo de carga. (Lamazares, 2014, 1-4).

O transporte internacional de carga sobredimensionada é mais complicado, uma vez que exige o cumprimento não só das leis internas de cada país, mas também dos regulamentos internacionais. (Negociador global, 2016, 1-5).

Documentos padrão

Existem vários documentos normalizados que devem ser preparados para qualquer veículo que transporte mercadorias. (Marlo, 2016, 1-5):

- CMR (obrigatório)
- Fatura comercial (obrigatória)
- Lista de embalagem (se disponível)
- Caderneta TIR (se disponível)
- Certificado de origem (se exigido pela legislação estrangeira)
- Autorizações de exportação ou importação (se necessário)
- Certificados de veículos (obrigatórios)

O principal documento para a realização de transportes internacionais em camiões é o **CMR**. O CMR é uma guia de remessa internacional que serve de contrato entre três partes: o expedidor, o transportador e o destinatário. O CMR é regido pela *Convenção relativa ao Contrato de Transporte Internacional de Mercadorias por Estrada*. Este documento regula os direitos e obrigações das partes envolvidas. Quando a carga é carregada no camião do transportador, tanto o expedidor como o transportador apõem os seus selos no documento. O terceiro selo é aposto pelo destinatário aquando da receção da mercadoria. Em última análise, o CMR serve como documento de confirmação para o transportador aquando da entrega bem sucedida das mercadorias. Inclui todas as informações importantes relacionadas com a fatura, a lista de embalagem e outros certificados. O documento também reflecte todos os detalhes sobre a carga, o expedidor, o transportador e o destinatário, bem como os pontos de origem e de destino. (Lamazares, 2014, 1-4).

Documentos especiais

São necessários documentos especiais para o transporte de determinadas mercadorias e devem ser obtidas autorizações e acordos específicos com as autoridades responsáveis pelas infra-estruturas. Por conseguinte, são necessários documentos especiais para o transporte de mercadorias de grandes dimensões ou de dimensões excessivas, incluindo (Ely-keskus, 2014, 1-3):

1. **Autorizações especiais**
2. **Anexos**
3. **Todos os documentos do veículo**
4. **Carta de condução**

As autorizações especiais para cargas de grandes dimensões são obtidas junto do departamento de transportes de cada país incluído no itinerário planeado pelo transitário. No sítio Web de cada departamento, estão disponíveis informações sobre o conjunto de documentos que devem ser anexados ao pedido de autorização. A licença requer as seguintes informações:

1. Nome, endereço e número de telefone do emissor da licença
2. Informações sobre o veículo

3. Todas as dimensões e peso da carga
4. Peso total do veículo com a carga
5. Datas de transporte
6. Carga de retorno
7. Itinerário de transporte
8. Ponto de passagem da fronteira e hora

Para além das informações gerais acima mencionadas, o pedido exige a localização da carga e o seu aspeto geral. As especificações da carga devem ser anexadas a um esquema que reflicta todos os aspectos importantes. Além disso, devem ser incluídos os parâmetros e as caraterísticas do veículo utilizado para o transporte de cargas sobredimensionadas. (Ely-keskus, 2014, 1-3).

Existem condições essenciais que devem ser cumpridas para o transporte de cargas de grandes dimensões, tais como (Comissão Europeia, 2016, 9-13):

- A carga não deve restringir a visibilidade do condutor nem dificultar a sua visão.
- A carga não deve afetar negativamente a estabilidade do veículo.
- A carga não deve obstruir os dispositivos de iluminação do veículo.
- A carga não deve produzir ruído ou poeira excessivos.
- O condutor deve inspecionar a segurança da carga.

O tempo necessário para obter as autorizações necessárias para a carga de grandes dimensões é frequentemente de cerca de sete dias úteis. No entanto, se a carga for particularmente invulgar, pode demorar um mês ou mais e, em alguns casos, até um ano. Ao mesmo tempo, as empresas de logística planeiam o transporte das mercadorias com mais pormenor. Para obter os documentos de autorização, devem ser cumpridas as três etapas seguintes (Centro de Desenvolvimento Económico, Transportes e Proteção Ambiental, 2014, 1-3):

- Preencher o formulário de pedido de autorização.
- Devolver o formulário preenchido com a transferência do pagamento.
- Notificar as autoridades locais e a polícia.

A autorização de transporte anormal deve ser obtida nos seguintes casos

- As mercadorias não podem ser transportadas por outros meios de transporte devido a custos excessivos.
- O camião tem as especificações adequadas e está registado para circular.
- Não existem obstáculos significativos e a capacidade de carga das pontes é suficiente.

O pedido deve ser apresentado pelo menos 30 dias úteis antes do início do transporte. O serviço pode solicitar informações complementares no âmbito do pedido. O documento de autorização é válido apenas para um único transporte. As autoridades locais e a polícia devem ser notificadas com antecedência da viagem planeada. (Centro de Desenvolvimento Económico, Transportes e Proteção do Ambiente, 2014, 1-3).

3.5. Riscos do transporte de mercadorias sobredimensionadas

Na logística dos transportes, nomeadamente no transporte de grandes cargas, os riscos são múltiplos. Não existe uma classificação única dos riscos porque há muitos tipos de actividades envolvidas. Os riscos incluem a escolha incorrecta dos veículos de transporte, a seleção do modo de transporte adequado e a escolha das tecnologias de carga e descarga. O objetivo da empresa de logística é eliminar ou minimizar os riscos potenciais. Por isso, é necessário avaliá-los e desenvolver modelos que possam coordenar as actividades em caso de acidente. (Hopkin, 2017, 42-47).

A avaliação dos riscos é composta por várias fases. A primeira etapa consiste em identificar os riscos potenciais associados ao transporte de mercadorias com excesso de tamanho ou de peso. A etapa seguinte consiste em avaliar os riscos existentes e recolher dados das análises efectuadas para identificar os factores que podem afetar o processo de transporte. Esta abordagem permite o desenvolvimento de uma estratégia para reduzir os impactos negativos e minimizar o nível de risco. (Palsaitis & Petraska, 2011, 181-185).

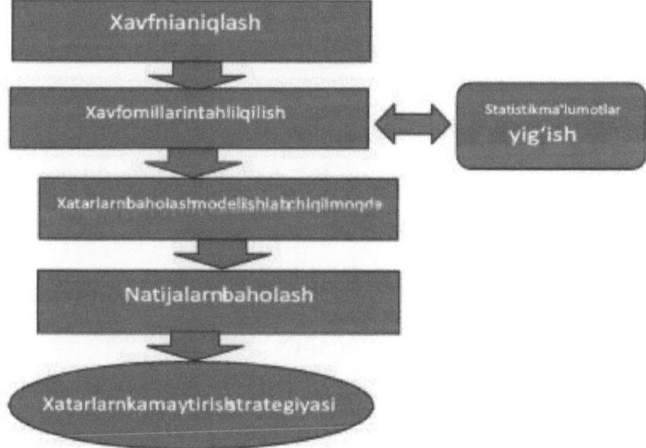

Figura 2. Processo de avaliação do risco. (Palsaitis & Petraska, 2011, 181).

Para prever o potencial impacto, é necessário desenvolver um modelo de risco, que permita criar uma estratégia para minimizar as consequências negativas de tais situações. Por exemplo, as consequências de um acidente podem incluir: (Palsaitis & Petraska, 2011, 181-185).

- Morte de condutores ou outros intervenientes na estrada.
- Danos nas infra-estruturas.
- Carga não entregue ou danificada
- Atraso na entrega da carga.

Uma estratégia para mitigar os riscos relacionados com a carga pode envolver soluções como o bloqueio temporário da estrada por outros utentes da estrada. A avaliação dos riscos e a criação de estratégias são particularmente importantes para o planeamento do transporte de **cargas de grandes dimensões. As consequências de tais situações são mais graves e requerem maior atenção. No entanto, existem situações imprevisíveis e os seus factores não podem ser medidos ou controlados. (Palsaitis & Petraska, 2011, 181-185).**

Métodos de atenuação dos riscos

Existem vários métodos para aumentar a segurança do transporte de cargas de grandes dimensões, alguns dos quais são regulados por documentos de autorização. No entanto, os métodos que se seguem podem ser aplicados sem requisitos específicos: (Hughes, 2016, 34-47)

- **Faixas**: Devem ser colocadas nos para-choques dianteiro e traseiro, na ao mesmo tempo, certificando-se de que não ocultam a chapa de matrícula do veículo.
- **Bandeiras**: A bandeira deve ser de cor vermelha ou laranja escura e deve ser fixada de forma a estar em conformidade com as especificações indicadas na licença.
- **Luzes intermitentes**: Devem ser instaladas no tejadilho dos veículos de escolta.
- **Equipamento de fixação da carga**: Este equipamento é necessário para assegurar a posição imóvel da carga.
- **Rádio**: Estes aparelhos são um elemento essencial da comunicação entre os veículos de transporte sobredimensionados e os veículos de escolta.
- **Sistema de localização**: Este sistema permite o acompanhamento em tempo real da localização da carga.
- **Escoltas**: Se exigido pela licença, os veículos de escolta devem acompanhar o transporte de cargas de grandes dimensões.

A gestão do risco é uma parte crucial do planeamento do transporte de vários tipos de carga. A avaliação dos riscos associados ao transporte de cargas com excesso de tamanho e de peso permite identificar as potenciais causas que podem afetar negativamente o processo de transporte. Assim, esta análise de risco garante a seleção da estratégia adequada para o transporte de cargas de grandes dimensões com um nível de risco mínimo. (Hughes, 2016, 34-47).

Eficiência económica do transporte de mercadorias através de plataformas em linha

plataformas em linha na cidade de Andijan

O conceito logístico de organização de processos não pode ser implementado apenas por especialistas na área da logística. A filosofia de organização sistemática de processos deve ser parte integrante da filosofia central do

negócio. Empresários, economistas e gestores de vários ramos precisam de compreender e aceitar o conceito de logística, estar familiarizados com os métodos básicos de organização de processos em logística e ter consciência dos resultados que estão a tentar alcançar. É por isso que a formação superior no domínio da logística desempenha atualmente um papel crucial.
É sabido que os modelos logísticos ocidentais nem sempre se coadunam com as práticas económicas do nosso país. Os sistemas logísticos são sistemas vivos que não podem ser vistos isoladamente do seu ambiente. A cópia de estratégias dos sistemas ocidentais - como as estratégias de propriedade - não se traduz necessariamente em estratégias de liderança. É necessário implementar uma filosofia logística que se adapte à economia do nosso país e, mais importante ainda, às nossas condições específicas, para aumentar significativamente a eficiência dos processos.
A logística permite reduzir drasticamente o intervalo de tempo entre a entrega de matérias-primas e produtos semi-acabados e a entrega de produtos acabados ao consumidor. Oferece também oportunidades para reduzir significativamente os custos relacionados com o armazenamento e o transporte de mercadorias.
A aplicação da logística acelera o processo de aquisição de dados e melhora o nível de serviço. As actividades logísticas são multifacetadas, englobando transporte, armazenamento, gestão de inventário, gestão de pessoal, sistemas de informação e actividades comerciais. Cada uma destas tarefas foi exaustivamente estudada e documentada nos domínios de estudo relevantes.
A essência da abordagem logística consiste em assegurar a ligação orgânica entre a gestão bem organizada das áreas funcionais acima referidas e a criação de sistemas de transporte de materiais altamente eficientes. Os sistemas organizados logisticamente diferem dos sistemas tradicionais de transporte de materiais da mesma forma que os automóveis modernos diferem dos automóveis do início do século XX. O objetivo teórico da logística enquanto ciência é estudar o aparecimento e os princípios de funcionamento de tais sistemas. O objetivo prático da logística, por outro lado, é criar estes sistemas e assegurar o seu bom funcionamento.
A experiência global mostra que, atualmente, num mercado competitivo, quem for competente no domínio da logística terá uma vantagem significativa.
O conceito de logística tem a sua própria história. Os gregos antigos consideravam a logística como a arte dos cálculos e da contabilidade. Os supervisores especiais do Estado eram designados por logísticos. Na Roma antiga, a logística era entendida como a distribuição de bens.
Mais tarde, o termo "logística" começou a ser utilizado na classificação dos destacamentos e movimentos das tropas militares.

A logística é um conceito militar. Esta ideia foi formada com base na necessidade decorrente do processo de deslocação das tropas de uma base para outra.

Nos séculos IX e X, o imperador bizantino Leão V utilizou o termo "logística" no seu livro militar para significar "abastecimento das tropas na retaguarda".

No que respeita à história da logística no Usbequistão, foi dada grande atenção às questões logísticas no exército do grande comandante Amir Timur. O exército de Amir Timur era um dos maiores e mais poderosos exércitos em termos de estrutura organizacional e militar, bem como de tácticas de combate. Amir Timur dividiu o seu exército em sete corpos, cada um comandado por amires e príncipes. O exército estava dividido em centro, ala direita, ala esquerda e outras divisões. Alguns destes corpos foram designados por Amir Timur como reservas. Esta organização não só fortaleceu as alas, como também fortaleceu o centro. O centro tinha unidades avançadas, de reserva e de abastecimento que desempenhavam um papel decisivo na determinação do resultado das batalhas.

Indicadores técnicos e económicos

№	Indicadores	Unidade de Medição	Agregado em linha ou Normal	Diferença +,-
1.	Preço do servidor	som/peça	30 milhões	-
2.	Computador	som/peça	3 milhões de euros	-
3.	Escritório	som/mês	2 milhões	-
4.	Salários	som/mês	2,5 milhões de euros	25 milhões
5.	Número curto	som/peça	40 milhões	-
6.	Marketing	som/mês	3 milhões de euros	36 milhões
7.	Outras despesas	som/mês	2 milhões	24 milhões
8.	Período de retorno do investimento	Ano	1.5	
9.	Total		84 milhões de euros	162,5 milhões de euros
10.	Coeficiente de eficácia		30%	

A eficiência da organização dos transportes na cidade de Andijan utilizando um agregador foi de 84 000 000 soums por ano, com um período de retorno de 0,5 anos e um coeficiente de rentabilidade de 0,72.

Os soldados eram responsáveis pela reunião e distribuição das tropas. Durante a marcha, cada soldado tinha de levar um arco e 30 flechas, uma lança e uma espada, e comida suficiente para um mês. Cada soldado tinha também dois

cavalos e, por cada dez pessoas, levava uma tenda (chadir), dois guarda-chuvas, um fogão, uma foice, uma serra, um machado, cem agulhas, uma corda, uma rede de couro e uma panela.
Os transportes são um sector da produção material responsável pelo transporte de bens e pessoas. Com base no seu objetivo, os transportes dividem-se em dois tipos:

1. **Transportes públicos** - Transportam mercadorias e passageiros e servem todos os sectores da economia nacional. Os transportes públicos servem a população e o sector dos serviços . Inclui o transporte ferroviário, o transporte por água (fluvial e marítimo), o transporte rodoviário, o transporte aéreo e o transporte por condutas.
2. **Transporte não público** - Transporte utilizado no âmbito da produção e pertencente a organizações não ligadas ao sector dos transportes. O processo de transporte, efectuado através de um sistema dividido em etapas e operações interligadas, é designado por tecnologia de transporte de carga, que tem como objetivo atingir uma elevada eficiência no transporte de carga.

Logística de transporte - Otimizar os sistemas de transporte, selecionar o tipo e o tipo de veículos de transporte; determinar as rotas de entrega para várias direcções multicanal; assegurar a unidade tecnológica dos processos de transporte e de armazenamento.
As questões complexas relacionadas com a organização do transporte de mercadorias são o tema da logística de transportes.
O sistema logístico, que é a força vital da economia de cada país, desempenha um papel muito importante no desenvolvimento da economia. Um sistema logístico eficiente garante a entrega atempada e rentável de bens e serviços aos clientes, optimizando a circulação de produtos acabados e matérias-primas no mercado nacional, promovendo a concorrência no mercado.
Nos mercados externos, aumenta a competitividade económica do país e acelera o processo de integração na economia global. Para um país em desenvolvimento como o Uzbequistão, é muito importante criar um sistema logístico eficaz.
De acordo com o relatório do Índice de Desempenho Logístico (LPI) divulgado pelo Banco Mundial em 2018, o Uzbequistão ficou em 99º lugar entre 160 países em termos de desempenho logístico. O relatório considerou factores como a eficiência aduaneira, a qualidade das infra-estruturas de transporte, a facilidade de organização de envios internacionais, o conhecimento e a experiência dos profissionais da indústria, as capacidades de rastreio de carga e a entrega atempada de mercadorias. Infelizmente, a classificação do LPI da nossa região não é particularmente impressionante. A este respeito, o nosso país ocupa o segundo lugar na região, atrás do Cazaquistão. Abaixo, pode ver a

comparação dos critérios entre a Alemanha, que ficou em primeiro lugar no LPI, e o Uzbequistão.

Se analisarmos os resultados, é evidente que ainda há muito trabalho a fazer para desenvolver o sector. Trata-se, em primeiro lugar, de melhorar a eficácia dos processos aduaneiros nas fronteiras e no interior do território nacional, de aumentar o número de profissionais do sector e de aplicar abordagens inovadoras ao sistema.

A melhoria da eficiência logística é especialmente crítica no nosso país, que está geograficamente em desvantagem e não tem acesso direto ao modo de transporte mais barato, que é o transporte marítimo, mesmo através de países vizinhos.

Uma parte significativa das exportações do nosso país consiste em produtos agrícolas e matérias-primas. Estes são mais baratos por unidade de transporte do que os produtos manufacturados (por exemplo, uma tonelada de algodão versus uma tonelada de produtos têxteis acabados de alta qualidade). Isto significa que os custos de transporte representam uma maior percentagem do preço final dos nossos produtos de exportação, tornando a eficiência logística ainda mais importante na nossa economia em comparação com a dos países mais desenvolvidos.

Para ilustrar a importância de um sistema logístico eficiente, considere o seguinte exemplo simples:

Exemplo microeconómico:

Imagine que está envolvido na produção de produtos agrícolas. Os seus clientes podem incluir mercados nas cidades, supermercados e fábricas de transformação de produtos agrícolas. Dispõe de alguns dias para garantir que os produtos frescos chegam ao consumidor final. Durante esse tempo, tem de colher as colheitas, carregá-las em veículos de transporte e entregá-las ao cliente.

Um problema em qualquer ponto da cadeia pode levar a uma redução do lucro ou mesmo causar perdas ao empresário. Estes problemas podem resultar da não colheita atempada dos produtos, de uma embalagem inadequada, de um armazenamento incorreto, da indisponibilidade ou avaria do veículo de transporte, da falta de equipamento necessário ou de muitos outros problemas semelhantes.

Por que razão é hoje urgente melhorar a eficiência logística?

Embora alguns países desenvolvidos tenham adotado políticas proteccionistas nos últimos anos (por exemplo, o atual governo dos Estados Unidos), a globalização da economia mundial não abrandou. As mudanças significativas no mercado mundial exigem que o Usbequistão e toda a região estejam preparados para essas mudanças.

Para melhorar o LPI, é necessário desenvolver um programa unificado (por exemplo, transportes rodoviários) em colaboração com profissionais do sector. O programa deve centrar-se em áreas como a formação de pessoal, o reforço das qualificações do pessoal existente e a melhoria das infra-estruturas. Além disso, o aumento da utilização das TI, a monitorização contínua dos processos, o estabelecimento de uma comunicação aberta com os representantes do sector e a resolução rápida dos problemas emergentes para evitar a sua recorrência são medidas necessárias.

As mudanças positivas que estão a ocorrer no nosso país terão, em breve, impactos positivos também nos sectores da logística e dos transportes. Isto deve-se ao facto de o peso de uma economia em expansão recair principalmente sobre o sistema logístico. Por conseguinte, a melhoria do potencial de exportação do nosso país, a minimização dos custos de transporte internos e o aumento da prosperidade da nossa população estão diretamente ligados à eficiência logística.

A logística refere-se à gestão e ao controlo do fluxo de bens e serviços desde a produção até ao cliente para aumentar a eficiência do movimento. Envolve a integração e a coordenação de várias operações, processos e tarefas levadas a cabo por diferentes organizações e empresas em actividades como a compra de matérias-primas, a distribuição, a venda e o consumo.

Até há pouco tempo, o termo "logística" era familiar apenas a um grupo restrito de especialistas, mas está atualmente muito difundido. A sua utilização mais alargada em economia começou nos anos 60 e 70, em grande parte devido ao desenvolvimento das tecnologias de comunicação.

Uma compreensão profunda dos processos logísticos constitui a base da literacia logística, que ajuda a tirar conclusões económicas corretas sobre aspectos específicos da economia e a avaliar a exatidão dessas conclusões.

Além disso, pode ser classificado no domínio do empreendedorismo.

Na cidade de Andijan, os transportes estão bem organizados sem dificuldades, especialmente à medida que a cidade cresce e o número e a densidade dos veículos de transporte aumentam. Nas grandes cidades de todo o mundo, o transporte urbano de mercadorias tornou-se um serviço muito utilizado e continua a sê-lo, uma vez que o comércio é efectuado diariamente entre muitas empresas e particulares.

A deslocação de escritórios, armazéns, apartamentos e casas, bem como a entrega de mercadorias entre divisões da empresa, estão todos relacionados com processos de transporte em áreas urbanas. No entanto, existem alguns problemas de transporte na cidade. O principal problema é o congestionamento do tráfego, que está relacionado com a construção de estradas principais e o grande volume de transportes.

A logística é a arte e a ciência de gerir e controlar o fluxo de produtos alimentares, pessoas, serviços diversos, recursos, energia, informação, etc., desde o local de produção até ao mercado. A sua principal responsabilidade é assegurar a entrega de matérias-primas, produção inacabada e produtos acabados a locais com elevada procura a baixos custos, mesmo que isso signifique alterar a sua localização geográfica.

Um **logístico** é um profissional da logística e dos transportes, abrangendo todos os tipos de transporte, incluindo o transporte rodoviário, marítimo, aéreo e ferroviário.

O trabalho de logística é uma parte da cadeia de abastecimento. Envolve o planeamento, a implementação e o controlo do movimento e armazenamento de bens e informações relacionadas, desde o ponto de produção até ao ponto de consumo, a fim de satisfazer as necessidades dos clientes. A gestão logística refere-se às práticas e técnicas utilizadas por profissionais qualificados neste domínio para gerir estes processos de forma eficiente.

A **cadeia de abastecimento**, também conhecida como "cadeia logística", consiste em garantir que a quantidade certa de bens necessários é entregue no momento e no local certos, a um preço acessível. Este processo abrange todas as áreas de produção e inclui o planeamento e a gestão de todo o ciclo.

O objetivo do trabalho logístico é obter um resultado eficaz, gerindo as etapas periódicas de projectos específicos e assegurando uma gestão adequada e consciente das cadeias de abastecimento.

Um gestor de logística qualificado é responsável pela gestão de stocks, vendas, transporte, armazenamento, prestação de informações, aconselhamento, planeamento e organização destes processos. Uma gestão logística eficaz exige que o gestor possua os conhecimentos necessários para executar estas tarefas. A literacia de um gestor de logística permite-lhe coordenar estas tarefas com sucesso

Existem duas formas distintas de logística:

1. Optimiza continuamente o fluxo de recursos através das redes de transporte e dos pontos de armazenamento.
2. Coordena a sequência de recursos para executar com êxito um projeto específico, tal como planeado.

Vivendo na era da informação, criamos um espaço vasto e disperso de informação na Internet sem a utilização de sítios Web de recolha de informação. O tempo é precioso e tem de ser poupado. Para isso, os agregadores de conteúdos são necessários, pois permitem-nos recolher informações essenciais, notícias, ideias, opiniões, sugestões, críticas, conselhos, guias e artigos num único local.

3.6.Segurança da atividade vital

Com este projeto, pretendemos realçar a importância da conveniência, facilidade, acessibilidade e rentabilidade na implementação de sítios Web que agregam informação e conteúdos noticiosos. Estes factores são cruciais para satisfazer as necessidades e expectativas dos produtores de conteúdos e dos consumidores.

Acreditamos que estas tecnologias, que elevam o humor e o espírito, podem servir de excelente motivação para criar um sítio Web agregador WordPress em linha em Andijan.

Um sítio Web agregador de conteúdos recolhe informações de toda a Internet e consolida-as num único local, proporcionando comodidade tanto aos produtores como aos clientes que visitam o sítio. Ao criar títulos de tópicos, são utilizadas várias palavras-chave e frases. O sítio agregador de conteúdos fornece frequentemente a autoria e uma ligação à fonte original para evitar acusações de plágio. Curiosamente, outros sítios agregadores de notícias também ajudam a seguir os artigos que publicamos. Consequentemente, podemos reunir muitos conteúdos de outros sítios agregadores de notícias, o que aumenta a nossa confiança e reforça a nossa posição. No entanto, para encontrar os nossos trabalhos publicados nesses sítios, temos de criar um perfil no sítio Web agregador de notícias.

Capítulo 3 Conclusões

A organização do transporte de mercadorias através de plataformas online na cidade de Andijan garante um elevado nível de rentabilidade, cria um sistema de serviços de transporte transparente, promove uma concorrência saudável entre os condutores de transportes, reforça a confiança dos clientes e aumenta o nível de segurança do transporte de mercadorias na cidade. Todos estes factores, em conjunto, permitem aos clientes obter uma poupança de custos de 30%.

Conclusões e recomendações

Na atual era da globalização, a logística tornou-se parte integrante da nossa vida quotidiana e está a evoluir cada vez mais para um dos seus principais componentes. A pergunta natural é: porque é que a logística se tornou uma parte tão essencial das nossas vidas? A resposta reside na procura constante de soluções tecnológicas (TI) para fazer face aos vários desafios diários que enfrentamos. Estas soluções informáticas estão a gerar processos que exigem que os gerimos com conhecimentos informáticos avançados. Isto deve-se ao facto de as várias ferramentas informáticas simplificarem, facilitarem e agilizarem significativamente o nosso trabalho.

A economia do Uzbequistão é bastante diferente das economias dos principais países do mundo. Temos de compreender que a nossa relutância em reconsiderar, analisar e integrar novas tecnologias nas nossas ideias actuais criou barreiras significativas que impedem o nosso progresso. Para isso, o conhecimento histórico das economias estrangeiras é suficiente. Por outras palavras, a concorrência molda, desenvolve e melhora as empresas.

Atualmente, as soluções informáticas estão a dar bons resultados. Em vez de recear ou duvidar das novas inovações, é melhor testá-las na prática. Os resultados destes testes ajudam a aliviar os nossos receios e dúvidas. A nossa inércia pode complicar o trabalho dos fornecedores de soluções informáticas e impedir o nosso desenvolvimento. Por isso, quando uma solução de TI relevante é oferecida para um problema, devemos testá-la na prática sem hesitação. No entanto, algumas organizações perdem tempo concentrando-se em despesas desnecessárias, exigindo tarefas triviais e analisando excessivamente as relações interpessoais, quando deveriam concentrar-se no avanço do desenvolvimento.

A logística, em particular, trata da otimização de processos que evitam situações negativas, eliminando atrasos desnecessários e aliviando o stress. As TI desempenham um papel crucial neste domínio, melhorando a produtividade do trabalho. As TI facilitam a recolha, a triagem e o processamento de grandes fluxos de dados, permitindo uma melhor previsão e análise. A velocidade da troca de informações também aumenta, o que ajuda os indivíduos a analisar mais rapidamente as oportunidades disponíveis e a tomar decisões eficazes.

Como resultado, surgiu o mercado global de projectos de TI. Atualmente, a logística lida com várias tarefas, como a compra e venda, o armazenamento, o manuseamento de mercadorias, a alimentação e a gestão do estado dos armazéns e das mercadorias. Estas tarefas estão a tornar-se mais fáceis, mais eficientes e mais convenientes para os fornecedores de TI. Além disso, os projectos de TI destinados a resolver tarefas logísticas estão a expandir-se, e o mercado está a tornar-se mais ágil. Anteriormente, as tarefas logísticas eram tratadas por um pequeno número de projectos, mas agora estão a surgir dezenas de novos fornecedores de serviços.

Em Andijan, podemos também fazer uma utilização eficiente da logística de transportes, que é um dos serviços mais importantes. Que modelo de agregador é mais conveniente para os expedidores de carga atualmente? Claramente, a plataforma móvel e a sua versão web são as mais convenientes, uma vez que proporcionam o método de comunicação mais rápido entre potenciais clientes e contratantes.

Uma aplicação móvel bem concebida pode facilmente lidar com as tarefas dos funcionários da rede - tais como aceitar informação, processar documentos e entregar mensagens. Por conseguinte, o agregador deve basear-se numa plataforma móvel.

O transporte de carga dentro da cidade é efectuado eletronicamente. Para o efeito, o cliente acede a um sítio Web especial e efectua uma encomenda. O serviço de transporte apresenta imediatamente ao cliente uma oferta com base no tipo de carga, transporte e taxa de serviço e, ao mesmo tempo, indica o veículo de transporte disponível mais próximo. Os motoristas que dominam as regras e regulamentos e são responsáveis e atentos aos seus veículos prestam um serviço de elevada qualidade.

Os fornecedores de TI facilitam o trabalho tanto do cliente como do motorista. Não é necessário perder tempo a fazer chamadas telefónicas para encomendas e o custo do transporte e da entrega das mercadorias pode ser reduzido em 30-35%. Outra vantagem dos fornecedores de TI é o facto de poderem iniciar operações em qualquer área, expandir-se e passar para a região seguinte, sem que ninguém fique a perder.

A vantagem dos fornecedores de TI é o facto de planearem automaticamente as encomendas, os veículos de transporte e os respectivos itinerários. Este programa já foi implementado com sucesso em países estrangeiros, como a Lituânia e a Bielorrússia. A sua conveniência reside na possibilidade de gerir o processo através de qualquer dispositivo com acesso à Internet, seja um telemóvel ou um computador.

Em qualquer cidade, não haverá dificuldade no transporte de cargas, especialmente se a cidade for grande, tiver tráfego intenso ou se não houver profissionais envolvidos. O transporte urbano de carga é um serviço essencial e popular porque o comércio ocorre diariamente entre várias empresas e indivíduos. Isto inclui a mudança de escritórios e armazéns, apartamentos e casas, lojas e armazéns, e a entrega de vários bens entre divisões de empresas. Tudo isto está relacionado com os processos de transporte urbano. No entanto, existem vários problemas com o transporte urbano de mercadorias. Os principais problemas são os engarrafamentos de trânsito, a construção de estradas principais e o grande volume de transporte.

A logística é a ciência e a arte de gerir e controlar o fluxo de bens, alimentos, pessoas, serviços, recursos, energia e informação desde o ponto de produção até ao mercado. A sua principal responsabilidade é entregar as matérias-primas, a produção inacabada e os produtos acabados em locais com maior procura, mesmo que para isso seja necessário mudar a sua localização geográfica, a preços acessíveis.

A logística é muitas vezes considerada um conceito militar, tendo tido origem na necessidade militar de deslocar abastecimentos de uma base para outra. Um profissional de logística é alguém que trabalha no domínio da logística e dos transportes, abrangendo vários modos, como o transporte rodoviário, marítimo, aéreo e ferroviário.

A profissão de logística faz parte da cadeia de abastecimento, que inclui vários tipos de bens, serviços e informações relacionadas. Trata-se de gerir o movimento e o armazenamento eficientes destes bens desde o produtor até ao consumidor, de modo a satisfazer as necessidades dos clientes. A gestão logística refere-se aos métodos de execução eficaz e competente destes processos.

O conceito de cadeia de abastecimento refere-se à entrega eficiente de bens na quantidade, tempo e local necessários a um preço acessível. Este processo integra todos os aspectos da produção em vários domínios. O objetivo da logística é obter resultados óptimos através da gestão eficiente e consciente das etapas de um determinado projeto ou da cadeia de abastecimento.

Ao mesmo tempo, as principais responsabilidades de um gestor de logística competente incluem a gestão adequada de stocks, a compra e venda, o transporte, o armazenamento, a prestação de informações, a consultoria, bem como o planeamento e a organização destes processos. A gestão correta da logística exige que o gestor de logística tenha conhecimentos suficientes para realizar estas tarefas. A literacia do gestor logístico permite a coordenação destas tarefas. A logística tem duas formas distintas:

1. Optimiza regularmente o fluxo de recursos através das redes de transporte e

dos pontos de armazenamento.
2. Coordena a sequência de recursos para implementar com sucesso um projeto específico conforme planeado.
Vivemos na era da informação, em que a Internet constitui um espaço vasto e disperso de informação sem sítios Web de recolha de informação. O tempo é precioso e deve ser poupado. Para isso, os agregadores de conteúdos são essenciais, pois permitem a recolha de informações, notícias, ideias, opiniões, sugestões, críticas, reclamações, conselhos, guias, instruções e artigos num só local.
Com este artigo, pretendemos partilhar as nossas ideias sobre a importância de os sítios Web que agregam informações e notícias serem cómodos, fáceis, leves, acessíveis e rentáveis para satisfazer as necessidades dos produtores e dos clientes.
Acreditamos que estas tecnologias de elevação do humor podem servir de excelente motivação para a criação de um sítio Web agregador WordPress em linha na cidade de Andijan.
Um sítio Web agregador de conteúdos recolhe informações de toda a Internet, compila-as num único local e proporciona comodidade tanto aos produtores como aos clientes do sítio que o visitam. São utilizadas várias palavras-chave e frases na criação de títulos de tópicos. Um sítio Web agregador de conteúdos fornece frequentemente a autoria e uma ligação à fonte original para evitar acusações de plágio. Curiosamente, outros sítios Web agregadores de notícias também nos ajudam a localizar os artigos que publicamos. Consequentemente, recebemos conteúdos de muitos outros sítios Web agregadores de notícias, o que ajuda a construir e a reforçar a nossa confiança. No entanto, para encontrar os nossos artigos publicados nestes sítios, temos de criar um perfil num sítio Web agregador de notícias.
Na era atual da globalização, a logística tornou-se parte integrante da nossa vida quotidiana e está a tornar-se cada vez mais um componente essencial. É natural que nos perguntemos porque é que a logística se está a tornar uma parte tão essencial das nossas vidas. Quaisquer que sejam os problemas diários com que nos deparamos, procuramos indubitavelmente soluções de TI. As soluções informáticas estão a criar processos específicos que requerem conhecimentos avançados em TI para os gerir eficazmente. Várias ferramentas informáticas tornam o nosso trabalho significativamente mais fácil, mais eficiente e menos cansativo.
A economia do Uzbequistão difere significativamente das economias das principais nações do mundo. A compreensão da importância de preservar as nossas ideias existentes, de as rever e analisar com base nas novas tecnologias -

ou, francamente, a relutância em fazê-lo - cria barreiras significativas. A história e os dados económicos das economias estrangeiras são, por si só, suficientes para ilustrar este facto. Por outras palavras, a concorrência molda, desenvolve e melhora os negócios.

Atualmente, as soluções informáticas estão a dar resultados positivos. Em vez de temer ou duvidar dos novos desenvolvimentos, é melhor testá-los na prática. Os resultados dos testes impedem-nos de cair no medo e na dúvida. Esta inércia da nossa parte pode impedir o nosso progresso e complicar o trabalho dos fornecedores de soluções informáticas. Por conseguinte, quando é proposta uma solução informática viável e significativa para um determinado problema, em vez de a rejeitarmos, pensamos que é sensato testá-la na prática sem hesitação. No entanto, algumas organizações perdem tempo concentrando-se nas despesas correntes, exigindo uma responsabilização detalhada por tarefas menores e gastando demasiado tempo a analisar relações, em vez de se concentrarem no progresso.

A logística trata da otimização de processos que, de outra forma, criariam situações negativas, dificultariam o desenvolvimento, exigiriam tempo excessivo e causariam frustração. As TI desempenham um papel crucial neste domínio. As ferramentas de TI aumentam a produtividade do trabalho e ajudam a recolher, ordenar, processar e prever grandes fluxos de dados através da Internet. Permitem a recolha, a triagem e o processamento de grandes quantidades de informação, bem como a criação de previsões. Além disso, a velocidade da troca de informações aumenta, ajudando as pessoas a analisar rapidamente as oportunidades disponíveis e a tomar decisões eficazes.

Assim, surgiu um mercado mundial de projectos informáticos. Atualmente, a logística desempenha várias tarefas, tais como vendas, armazenamento, mercadorias, alimentos, armazenamento e transporte, bem como a gestão do estado das mercadorias nos armazéns. Estas tarefas tornam-se mais fáceis, mais leves e mais cómodas para os fornecedores de TI. É também de referir que o mercado de projectos de TI destinados a várias tarefas logísticas está a expandir-se e a tornar-se mais ágil. No passado, as tarefas de logística eram tratadas por alguns projectos isolados, mas agora surgiram dezenas de novos fornecedores de serviços para ocupar o seu lugar.

Na cidade de Andijan, um desses serviços importantes e interessantes é a utilização eficiente da logística de transportes. Atualmente, que modelo de agregadores é mais conveniente para os expedidores de mercadorias? Naturalmente, a plataforma móvel e a sua versão web são o método mais cómodo e rápido de comunicação entre potenciais clientes e operadores.

Uma aplicação móvel bem definida pode facilmente executar as tarefas do pessoal da rede - aceitar informações e documentos, entregar mensagens, etc. Por conseguinte, o agregador deve funcionar com base numa plataforma móvel. As operações de transporte de mercadorias intra-urbanas são efectuadas por via eletrónica. Para tal, o cliente acede a um sítio Web especial e efectua uma encomenda. O serviço de transporte informático processa imediatamente a encomenda, propondo um tipo de carga, um veículo de transporte e uma taxa de serviço e, ao mesmo tempo, mostra ao cliente um veículo de transporte disponível nas proximidades. Os condutores que conhecem os regulamentos de condução, compreendem os fornecedores de TI, são responsáveis pelo seu trabalho e tratam os seus veículos com cuidado executarão este serviço de forma excelente.

Os fornecedores de TI facilitam simultaneamente o trabalho do cliente e do motorista: não é necessário perder tempo a fazer chamadas telefónicas para efetuar uma encomenda e é possível poupar até 30-35% dos custos de transporte e entrega das mercadorias. Outra vantagem dos fornecedores de TI é o facto de poderem começar, expandir e popularizar o seu trabalho em qualquer região e depois passar para a região seguinte, sem qualquer prejuízo para ninguém.

Os fornecedores de TI também têm a vantagem de planear automaticamente as encomendas, os veículos e os itinerários.

Este sistema foi implementado com êxito em países estrangeiros, nomeadamente na Lituânia e na Bielorrússia. A sua conveniência reside no facto de a gestão poder ser efectuada a partir de qualquer telefone ou computador com acesso à Internet.

Conclusão: A organização do transporte de mercadorias através de plataformas em linha na cidade de Andijan garante um elevado nível de rentabilidade, cria um sistema de serviços de transporte transparente, promove uma concorrência saudável entre os condutores, aumenta a confiança dos clientes, reforça a segurança do transporte de mercadorias na cidade e permite aos clientes poupar até 30% nos seus custos de transporte.

A organização do transporte de mercadorias através de plataformas em linha na cidade de Andijan garante um elevado nível de rentabilidade, cria um sistema de serviços de transporte transparente, promove uma concorrência saudável entre os condutores, aumenta a confiança dos clientes, reforça a segurança do transporte de mercadorias na cidade e permite aos clientes poupar até 30% nos seus custos de transporte.

Nenhuma cidade enfrentará dificuldades no transporte de mercadorias, especialmente se a cidade for grande, tiver tráfego intenso e se contactar serviços não profissionais. O transporte de mercadorias entre cidades tornou-se um serviço popular, uma vez que o comércio ocorre diariamente entre muitas empresas e particulares. A mudança de escritórios, armazéns, apartamentos, casas, lojas e o transporte de vários bens entre filiais de empresas - tudo isto são processos relacionados com os transportes em zonas urbanas. Existem problemas de transporte na cidade, sendo a principal questão o congestionamento do tráfego, a construção de estradas principais e o grande volume de tráfego.

A logística é a arte e a ciência de gerir e controlar o fluxo de bens, serviços, recursos, energia, informação e outros elementos desde o ponto de produção até ao mercado. A sua principal responsabilidade é entregar as matérias-primas, os produtos inacabados e o stock acabado em locais onde existe uma grande procura, mudando frequentemente a sua localização geográfica, e fazê-lo a preços acessíveis.

A logística é um conceito militar. Pensa-se que esta ideia teve origem nas necessidades do pessoal militar durante a sua deslocação de uma base para outra, o que criou a necessidade deste sistema.

O logístico é um profissional da área da logística e dos transportes, abrangendo vários tipos de transporte, como o rodoviário, o marítimo, o aéreo e o ferroviário.

O trabalho de logística é considerado uma parte da cadeia de abastecimento. Envolve o planeamento, a implementação e o controlo do movimento e armazenamento de bens, serviços e informações relacionadas, desde o produtor até ao consumidor. O objetivo é satisfazer as exigências e os requisitos dos clientes através de uma gestão eficiente e eficaz. A gestão logística refere-se às práticas e competências aplicadas pelos profissionais para executar a logística de forma correta e eficiente.

A **cadeia de abastecimento**, como já foi referido, refere-se ao processo de entrega de bens essenciais ao preço certo, na quantidade necessária, no momento certo e no local certo. Inclui todos os sectores de produção e pode ser considerada uma ciência de processos.

O objetivo do trabalho logístico é obter resultados eficazes através de uma gestão adequada das fases específicas do projeto e da cadeia de entrega (fornecimento).

Além disso, as principais responsabilidades de um gestor de logística qualificado incluem a gestão adequada de stocks, compras e vendas, transporte, armazenamento, fornecimento de informações, consultoria e planeamento e organização destes processos. A gestão correta das operações logísticas exige que o gestor de logística possua conhecimentos suficientes para realizar estas tarefas de forma eficaz. A proficiência de um gestor de logística permite-lhe coordenar estas tarefas sem problemas e com sucesso.

Existem duas formas distintas de logística:

1. **Otimizar o fluxo** regular **de recursos** através das redes de comunicação de transporte e dos pontos de armazenamento.

2. **Coordenar a sequência de recursos** para executar com êxito um determinado projeto como previsto.

Vivemos na era da informação, em que, sem os sítios Web de agregação de conteúdos, a Internet cria um vasto espaço de informação dispersa em todas as direcções.

O tempo é precioso e tem de ser poupado. Para isso, precisamos de agregadores de conteúdos que nos permitam recolher informações, notícias, ideias, opiniões, sugestões, críticas, objecções, conselhos, guias, instruções e artigos num único local.

Através deste artigo, pretendemos expressar a forma como os agregadores de conteúdos podem desempenhar um papel significativo ao ajudarem os criadores de sítios Web e os clientes a atingirem os seus objectivos de uma forma conveniente, fácil, económica e eficiente.

Acreditamos que estas tecnologias, que melhoram o humor e o espírito, constituem uma grande motivação para a criação de um sítio Web agregador WordPress em linha na cidade de Andijan.

Um sítio Web agregador de conteúdos recolhe informações de toda a Internet e organiza-as num único local, oferecendo comodidade quando visitado por produtores e clientes. São utilizadas várias palavras-chave e frases para criar os títulos dos tópicos. Um sítio agregador de conteúdos fornece frequentemente a autoria e uma ligação ao sítio Web original para evitar acusações de plágio. Curiosamente, outros sítios agregadores de notícias ajudam a seguir os artigos que publicamos. Consequentemente, reunimos muitos conteúdos de outros agregadores de notícias, o que aumenta a nossa confiança e reforça a nossa credibilidade. No entanto, para encontrar os nossos materiais publicados, temos de criar um perfil no sítio agregador de notícias.

Na era atual da globalização, a logística entrou na nossa vida quotidiana e está a tornar-se um componente essencial da mesma. É natural que nos perguntemos porque é que a logística se tornou uma parte tão integrante das nossas vidas. Quaisquer que sejam os problemas diários que enfrentamos, estamos sempre à procura de soluções de TI. Estas soluções informáticas estão a criar processos que exigem que tenhamos conhecimentos avançados de TI. Afinal de contas, várias ferramentas de TI simplificam significativamente o nosso trabalho e tornam-no mais eficiente.

A economia do Uzbequistão é muito diferente da das principais economias mundiais. Estamos numa era em que temos de compreender os obstáculos causados pela nossa relutância em preservar e reconsiderar as ideias existentes, especialmente com as novas tecnologias. Compreender a história e a economia dos países estrangeiros é essencial para ultrapassar estes obstáculos. Nos negócios, a concorrência molda, desenvolve e melhora as operações.

Atualmente, as soluções informáticas estão a dar bons resultados para muitos desafios. Em vez de temer ou duvidar de novas soluções, é melhor testá-las na prática. Os resultados dos testes ajudam a evitar o medo e a dúvida. Esta abordagem proactiva evita a estagnação, que impede o nosso progresso e complica o trabalho dos fornecedores de soluções de TI.

A logística centra-se na eliminação de processos ineficientes, morosos e frustrantes, optimizando-os, e as TI desempenham um papel fundamental neste processo. As ferramentas de TI aumentam a produtividade do trabalho e permitem que grandes fluxos de dados sejam recolhidos, processados e analisados rapidamente. As TI permitem o tratamento de grandes quantidades de informação, fornecendo previsões e melhorando a velocidade de troca de informações. Esta velocidade ajuda as pessoas a analisar rapidamente os dados disponíveis e a tomar decisões eficazes. Como resultado, surgiu o mercado global de projectos de TI.

Atualmente, a logística lida com várias tarefas, como vendas, armazenamento, gestão de inventário, armazenamento de alimentos, transporte e muito mais. Estas tarefas são simplificadas pelos fornecedores de TI. A gama de projectos de TI tem vindo a expandir-se, com um mercado que se está a tornar cada vez mais ágil. Anteriormente, apenas alguns projectos tratavam de tarefas de logística, mas agora estão a surgir dezenas de novos serviços e plataformas.

Na cidade de Andijan, podemos também utilizar de forma produtiva a logística dos transportes, que é um serviço essencial e interessante. Que modelo de agregador é mais conveniente para os transitários? A resposta é simples: as plataformas móveis e as suas versões Web constituem o método de comunicação mais cómodo e rápido entre potenciais clientes e contratantes.

Uma aplicação móvel bem concebida pode executar tarefas como receber informações e documentos e enviar mensagens, entre outras coisas. Por conseguinte, o agregador deve basear-se numa plataforma móvel.

O processo de organização do transporte de mercadorias dentro da cidade é efectuado eletronicamente. Para tal, o cliente acede a um sítio Web especializado e faz uma encomenda. O serviço de transporte informático responde imediatamente com uma proposta baseada na encomenda, incluindo o tipo de carga, o transporte e as taxas de serviço, e mostra ao cliente o transporte disponível nas proximidades. Os motoristas, que conhecem bem as leis de trânsito, compreendem o serviço informático e são responsáveis e atentos aos

seus veículos, executam o serviço com um elevado nível de qualidade.
Os fornecedores de TI facilitam o trabalho dos clientes e dos condutores, eliminando o tempo desnecessário gasto em chamadas telefónicas durante a colocação de encomendas e poupando 30-35% do custo do transporte e entrega de mercadorias. Outra vantagem dos fornecedores de TI é o facto de poderem iniciar as suas operações em qualquer área, expandir-se e passar para a região seguinte sem causar quaisquer prejuízos.
A vantagem dos fornecedores de TI reside no planeamento automático de encomendas, veículos e rotas. Este sistema já foi implementado em países como a Lituânia e a Bielorrússia. A sua conveniência reside no facto de a gestão poder ser efectuada a partir de qualquer telefone ou computador com acesso à Internet.
Conclusão: A organização do transporte de mercadorias através de plataformas em linha na cidade de Andijan garante uma elevada relação custo-eficácia, cria um sistema de serviços de transporte transparente, promove uma concorrência saudável entre os condutores, reforça a confiança dos clientes, melhora a segurança dos transportes na cidade e tudo isto permite aos clientes poupar até 30%.

Como organizar a entrega numa loja online. Logística para lojas online.

Se decidir abrir uma loja online a partir do zero, ao desenvolver um plano de negócios (e deve mesmo fazê-lo), tem de ter em conta uma das maiores despesas - a organização da logística de uma loja online. Se trabalhar com um fornecedor, não haverá problemas. Pode enviar as mercadorias para o cliente ou trabalhar através do sistema de dropshipping, em que o fornecedor as envia diretamente para os seus clientes. Mas e se quiser abrir a sua própria loja em linha e trabalhar com vários fornecedores diferentes? Neste caso, o dropshipping não ajudará, porque os compradores não pagarão 2-3 vezes pela entrega de cada produto - o que é incómodo e dispendioso. Vejamos várias opções de entrega de mercadorias para diferentes tipos e escalas de projectos de comércio eletrónico.
Como organizar a logística da loja online que abriu
Auto-expedição ou dropshipping
Se estiver a criar uma loja em linha de raiz, pode inicialmente enviar as encomendas por si próprio utilizando os serviços de entrega mais populares ou Ukrposhta. Também pode cooperar com dropshippers. O risco para a empresa será mínimo, uma vez que não existem custos de armazenamento e entrega de mercadorias. Com o tempo, a procura de certas categorias e tipos de produtos e marcas tornar-se-á clara. Isto ajudá-lo-á a fazer grandes compras com confiança ou a transportar mercadorias diretamente da China. Neste caso, a logística das lojas online será organizada com o mínimo de esforço e custos.
Pode acompanhar a procura através da análise integrada. Por exemplo, no painel

administrativo das lojas online SoloMono, pode obter uma análise detalhada das vendas. Os gráficos ajudá-lo-ão a avaliar a procura durante um determinado período de tempo e a fazer previsões para o mês ou ano seguinte.

Punkty Samovyvoza

Для начанию щего магазина можно открыт 1-2 панкта самовывоза в городе, в котором вы находитес. Empresa de escritório mojet takje podoyti v kachestve punta samovyvoza na chachalnom etape trabalhar com clientes. Também é possível alugar um armazém para uma loja na Internet, que pode ser equipada com espaço de escritório. Takchinali mnogie ukrainian internet-magaziny, nazvanie kotorykh segodnya populyarny po vsey strane. Esli organization tochek problematichna, mojno obratitsya k kompaniam kotorye predostavlyayut svoi punkty vydachi tovara i sotrudnikov.

Varianty dlya internet-magazinov so srednim i bolshim potokom zakazov

V sluchae, esli vam uje udalos successful opened his internet-magazine and kolichestvo zakazov zametno vyroslo, est neskolko variantov organizatsii dostavki iz internet-magazine client.

Correio, transitário

Ne obyazatelno nanimat tselyy shtt sotrudnikov, eto mojet byt 1-2 people with sobstvennym transport means. S kajdym rabotnikom mojno obsudit individualnyi graphic i zarplatu v zavisimosti ot vyrabotki chasov.

Ne zabyvayte pro to, chto segodnya bolshinstvo pokupateley oplachivayut svoi zakazy bankovskimi kartami, poetomu srazu neobhodimo pozabotitsya o zakupke mobilnyx POS-terminalov.

Preimushchestva nayma kurera:

A possibilidade de desenvolver uma oferta comercial única, por exemplo, entrega às 21:00 e aos fins-de-semana. Eto pomojet vydelitsya sredi konkurentov.

Dlya transportirovki gabaritnykh gruzov mojno nanyat kurera na gruzovom avtomobile. Stoimost budet odnoznachno menshe, chem, naprimer v slujbak dostavki na outsourcing.

Gibcost. Esli neobhodimo vnesti bystrye izmeneniya v zakaz ili sdelat pereadresatsiyu dostavki s neskolkimi kurerami proshche i bystree svyazatsya.

A opção ideal para pequenas encomendas.

Legcost Vnedrenia

Disponível hoje

Não é suficiente takogo sotrudnichestva:

Denezhnye risk iz-za nedobrosovestnosti rabotnika. Esta deficiência pode ser excluída, especialmente na fase inicial da assinatura do acordo sobre o nome e a responsabilidade material.

Ispolnitelnost kurera, otvetstvennost e outras qualidades humanas influenciam a reputação da sua empresa, poetumu luchshe srazu pedir recomendações.
Chtoby naydi 1 dostoynogo kurera, vam neobhodimo budet sovershit kak minimum 100 telefonnyx zvonkov, i provati sobesedovaniya. Esta é a hora.
A transportadora trabalha apenas na cidade e na região. A melhor empresa de transportes para envios para outras cidades e regiões. No eto i pro masshtabiruemost business v tselom.
Prestação de serviços e externalização (cumprimento)
O serviço de entrega não será subcontratado, nem será entregue apenas à ordem do cliente, nem terá o seu próprio centro de atendimento e armazém para armazenamento. É muito cómodo: faz-se um contrato e todos os cálculos são feitos com uma só empresa. Esli vy hotite, chtoby vashi vashi tovary stavlyalis klientam v brandedu pakovke - predostavte ee company. Also doljny byt presipsany usloviya i etapy upakovki vashikh tovarov. Para o efeito, o seu parceiro pode oferecer o seu próprio sistema CRM para o processamento de encomendas e o estado dos clientes.
Vybirayte slujbu dostavki, orientirovannuyu na internet-magaziny (fulfillment), togda vy poluchite ryad dopolnitelnyx uslug, naprimer sbor zakazov ot razlichnyx postavshchikov ili vozmojnost individualoy upakovki tovara.
Preimushchestva kompanii na outsourcinge:
Com o aumento das encomendas e a expansão da prestação de serviços geográficos e de outsourcing, está preparada para prestar serviços. Além disso, a empresa já dispõe de rotas próprias optimizadas e de uma frota de veículos com a dimensão e o lote de camiões pretendidos.
Automatização. A maioria das empresas pode fornecer o seu próprio sistema de CRM, que pode ser utilizado para determinar o estado das encomendas e dos envios.
Serviço de apoio. Algumas empresas podem também oferecer um centro de recolha e um armazém de mercadorias (fulfilment).
Bolee dostinnaya stoimost, esli ravnivat s sozdaniem i soderjaniem sobstvennoy slujby dostavki.
A responsabilidade material pelo produto não é uma prestação de serviços. Esta deve ser encomendada e acordada.
Desvantagem:
Vy kak rukovoditel ne mojete povliyat na sotrudnikov logisticheskoy kompanii. Takje net vozmojnosti pomenyat graphic courier ili bistro pereadresovat psylku, pri neobhodimosti. A empresa está a trabalhar em conjunto.
Many vladeltsy internet-magazinov jaluyutsya na to, chto slujby dostavki zaderjivayut dengi za tovar. Utochnit sroki neobhodimo do zaklyuchenia

dogovora.
Po sravneniyu s uslugami odnogo-dvukh kurerov, sotrudnichestvo so slujboy dostavki doroje.
Serviços de apoio ao utilizador
Lichnyy sklad i shtat sotrudnikov (logistov, voditeley, courierov) - dorogoe udovolstvie. Para além dos requisitos acima mencionados, haverá gestores de topo que organizarão todos os processos.
Preimushchestva sobstvennoy slujby dostavki:
Entrega operacional. Vy sami opredelyaete graphic work vashikh managers po priemu zakazov, a takje kurerskoy slujby. Zakazy obrabatyvayutsya i otpravlyayutsya bystree.

Introdução à gestão de entregas no comércio eletrónico

A gestão de entregas no comércio eletrónico é importante para otimizar as suas operações. Como estamos quase a meio do ano de 2024, é vital compreender as tendências e práticas necessárias para se manter competitivo e satisfazer as crescentes expectativas dos clientes.

O que é uma entrega de comércio eletrónico?

Quando um cliente clica em "comprar", um sinal digital inicia um processo logístico complexo num armazém remoto. Os funcionários selecionam prontamente e embalam de forma segura o artigo para expedição. O pacote embarca então numa viagem, possivelmente por camião ou avião, percorrendo várias paisagens.

Por fim, um estafeta entrega o produto diretamente à porta do cliente. Este processo eficiente realça as operações avançadas que tornam possível a entrega do comércio eletrónico e garante que os produtos chegam em segurança e a tempo. Este último passo da entrega é designado por "entrega de última milha". Consulte este artigo sobre a otimização da entrega de última milha para garantir que esta etapa decorre sem problemas e que os clientes ficam satisfeitos.

Como gerir? A entrega do comércio eletrónico pode ser gerida através de auto-envio ou através de fornecedores terceiros. Para encontrar a opção de envio mais adequada para si, consulte este artigo do blogue!

Tendências de entrega no comércio eletrónico

O mundo está a mudar, assim como a forma como as empresas fazem as entregas. Eis algumas das tendências atualmente utilizadas na indústria do comércio eletrónico.

- **Entrega no mesmo dia.**

Esta opção permite que os clientes recebam o produto no mesmo dia. No entanto, é necessário pagar uma taxa suplementar por esta comodidade especial.

- **Opções ecológicas.**

Os clientes estão mais conscientes do que nunca das opções ecológicas. As empresas compreendem esta necessidade, pelo que utilizam agora materiais recicláveis para embalar e optimizam as rotas de entrega para reduzir as emissões de carbono.

- **Integração de tecnologias.**

Tecnologias avançadas como a IA, a aprendizagem automática ou o software de gestão de entregas estão agora a ser integradas nos sistemas de entregas. Ajudam a prever atrasos na expedição, a otimizar rotas e a gerir o inventário melhor do que os humanos. O software de gestão de entregas, como o Track-POD, pode integrar-se na sua loja online, ajudá-lo a gerir encomendas, planear as rotas com base nos veículos disponíveis e nos horários de entrega, analisar todas as entregas e fornecer uma aplicação de condutor que pode digitalizar os códigos de barras e recolher provas electrónicas de entrega! Isto é especialmente conveniente se estiver a organizar a auto-expedição!

- **Experiências personalizadas dos clientes.**

Atualmente, os clientes querem ter a liberdade de escolher as suas faixas horárias de entrega para poderem receber facilmente a encomenda a tempo. Isto também inclui recolhas na loja e entregas em cacifos seguros.

- **Utilização de redes locais de distribuição.**

As empresas estão agora a utilizar redes de entrega locais. É importante que cada empresa considere todos os prós e contras da auto-expedição versus a dependência de redes de entrega . Devem ser considerados muitos factores: custos, possibilidades de localização, visibilidade, quantidade de encomendas diárias, veículos disponíveis, etc.

Porque é que a gestão das entregas no comércio eletrónico é importante?

Porque é que a gestão de entregas do comércio eletrónico é tão importante? É muito importante porque é a única forma de manter os seus clientes satisfeitos e fiéis. Imagine o seguinte: os compradores actuais não querem apenas que as suas coisas cheguem rapidamente. Tudo o que querem é saber exatamente quando vão chegar.

Atualmente, quase todas as lojas online enviam encomendas para todo o lado; muitas chegam mesmo a enviá-las através dos oceanos para diferentes países. Ser bom a enviar encomendas rapidamente e sem custar uma fortuna ajuda-o a conquistar clientes em todo o mundo.

Tipos de entrega no comércio eletrónico

As empresas de comércio eletrónico satisfazem uma vasta gama de necessidades dos clientes, oferecendo vários tipos de opções de entrega. Conhecer estas opções ajuda os compradores a escolher o serviço mais adequado às suas necessidades.

Compreender o que é popular e o que não é ajuda as empresas a organizarem as suas operações para fornecerem os produtos corretamente.

- Utilização de redes locais de distribuição.

As empresas estão agora a utilizar redes de entrega locais. É importante que cada empresa considere todos os prós e contras da auto-expedição versus a dependência de redes de entrega. Devem ser considerados muitos factores: custos, possibilidades de localização, visibilidade, quantidade de encomendas diárias, veículos disponíveis, etc.

Entrega normal:

É o método de eleição quando as encomendas são enviadas através de serviços postais normais ou de correios. As encomendas demoram, em média, 3 a 7 dias a chegar.

2. **Entrega rápida:**

Isto acelera as coisas para aqueles que precisam dos seus artigos rapidamente. Esta opção mais rápida entrega as suas compras num prazo de 1 a 3 dias.

3. **Entrega no mesmo dia:**

Garante que as encomendas efectuadas são entregues no próprio dia. Este serviço rápido está disponível sobretudo nas grandes cidades e depende do momento em que a encomenda é efectuada.

4. **Entrega programada:**

Com a entrega programada, os clientes podem escolher uma data e hora específicas para a chegada da sua encomenda. Isto torna todo o processo muito cómodo para os clientes.

5. **Click and Collect (levantamento na loja):**

Permite que os compradores encomendem online e depois levantem os artigos numa loja ou num local específico. A disponibilidade dos artigos pode significar que estão prontos em apenas algumas horas.

Comércio eletrónico entrega local e internacional

- **A entrega local do comércio eletrónico** envia as encomendas dentro do mesmo país ou área. A entrega local é a melhor opção para as empresas que pretendem que as suas entregas sejam efectuadas o mais rapidamente possível. No entanto, a velocidade de entrega dependerá da opção que os clientes seleccionarem. Podem receber a sua encomenda no mesmo dia ou esperar uma média de 3 a 7 dias.

- **A entrega internacional de comércio eletrónico** leva as suas encomendas numa viagem mais longa através das fronteiras nacionais. É crucial para as lojas que têm clientes em todo o mundo. No entanto, este tipo de entrega pode ser um pouco mais complicado, lidando com a alfândega e o desafio da logística de longa distância, que pode prolongar os prazos de entrega. Apesar dos potenciais atrasos alfandegários, as encomendas internacionais demoram normalmente cerca de 5 a 14 dias a chegar às suas novas casas.

Soluções de entrega para comércio eletrónico internacional e local

As entregas internacionais requerem a compreensão dos regulamentos aduaneiros, a escolha de parceiros de expedição internacionais e, potencialmente, o tratamento de tempos de trânsito mais longos. Fornecer preços transparentes que incluam direitos aduaneiros e impostos pode melhorar a satisfação do cliente.

Por outro lado, as entregas locais podem oferecer tempos de trânsito mais curtos e custos mais baixos. As empresas podem recorrer a serviços de correio locais ou criar as suas próprias frotas de entrega, o que lhes permite ter um maior controlo sobre os prazos de entrega e melhorar a qualidade do serviço. Esta abordagem ajuda a otimizar as operações e pode levar a clientes mais satisfeitos. Consulte este artigo do blogue para saber mais sobre o método de envio mais adequado para o seu negócio de comércio eletrónico.

Importância da entrega na última milha

A entrega na última milha é o passo final e mais crucial no processo de entrega. Afecta diretamente a satisfação do cliente. Se houver erros ou ineficiências nesta fase, podem ocorrer atrasos e custos mais elevados. Ao otimizar esta fase, as empresas podem garantir que as encomendas chegam a tempo, melhorando consideravelmente a experiência do cliente. A otimização desta fase é essencial para causar uma impressão positiva e duradoura nos clientes.

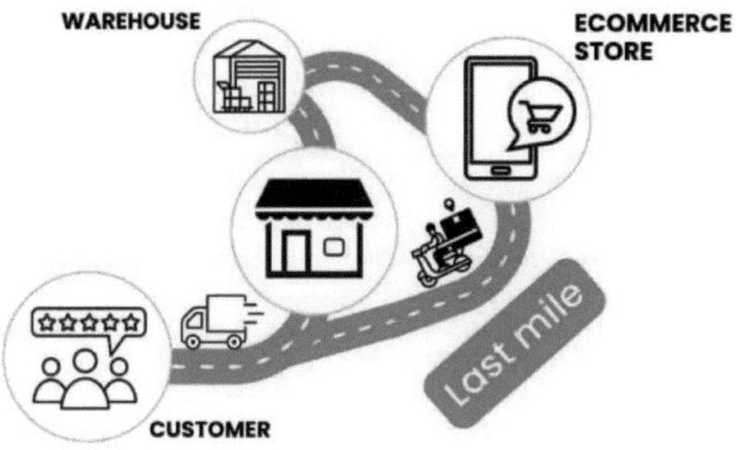

Importância da integração da API na gestão de entregas

Atualmente, muitas empresas de comércio eletrónico utilizam vários sistemas e plataformas de gestão de conteúdos para alojar as suas lojas online, o que torna as integrações de API cruciais para simplificar os processos e automatizar a gestão de encomendas. Ao integrar APIs, as empresas de comércio eletrónico podem ligar perfeitamente as suas plataformas ao software de gestão de entregas, permitindo o tratamento direto e automatizado das encomendas. Se tem a sua loja na Internet no Shopify, consulte este artigo do blogue sobre as aplicações de envio do Shopify, que ajudam a gerir as entregas.

Esta automatização aumenta a eficiência e garante que todos os aspectos do processamento de encomendas e da programação de entregas sejam geridos eficazmente através da troca de dados em tempo real. Para as empresas que procuram incorporar tais funcionalidades, recursos como a API do Track-POD fornecem orientação detalhada sobre como executar essas integrações com sucesso.

Software de gestão de entregas para comércio eletrónico

Para as empresas que pretendem aperfeiçoar as suas operações de entrega, o software de gestão de entregas no comércio eletrónico é um recurso indispensável. Este software tem uma vasta funcionalidades que aumentam a eficiência operacional e conduzem a reduções de custos significativas. A utilização destas ferramentas pode transformar a forma como as empresas gerem os seus processos de entrega, assegurando que funcionam de forma mais fluida e económica.

Vantagens da utilização de software de gestão de entregas no comércio eletrónico

1. **Poupança de custos:** As empresas podem reduzir os custos de combustível para poupar dinheiro. Isto pode ser feito através da otimização dos itinerários e horários de entrega.
2. **Eficiência de tempo:** A automatização da programação e do envio permite-lhe poupar tempo durante a entrega.
3. **Maior exatidão:** A automatização reduz os erros humanos na introdução de endereços, horários de entrega e seguimento de encomendas.
4. **Serviço ao cliente melhorado:** O acompanhamento e as notificações em tempo real melhoram a comunicação e a satisfação do cliente.
5. **Escalabilidade:** As soluções de software podem adaptar-se facilmente a volumes crescentes e a necessidades de entrega complexas sem custos adicionais.

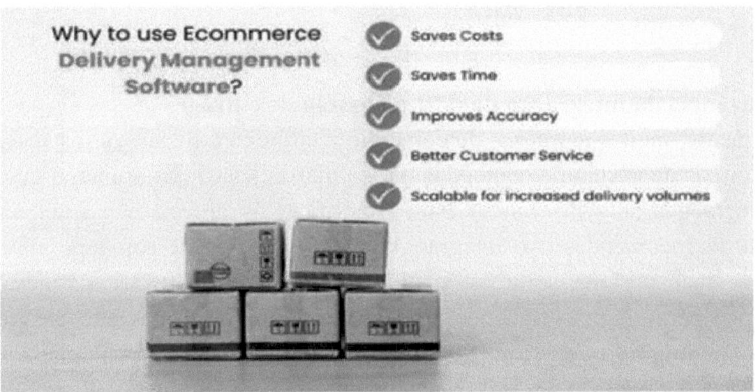

Software de gestão de entregas Track-POD

O Track-POD destaca-se como uma solução eficaz de gestão de entregas no comércio eletrónico, com uma variedade de caraterísticas, tais como:

- **Software de correio:** Ajuda a planear percursos, datas e horários de entrega com base nos recursos disponíveis.
- **Acompanhamento em tempo real:** Actualiza continuamente o estado da entrega, aumentando a transparência para empresas e clientes.
- **Gestão de encomendas:** Simplifica os processos de introdução, processamento e envio de encomendas.
- **Serviço ao cliente:** Melhora a comunicação com os clientes, oferecendo actualizações oportunas e informativas. Isto aumenta a satisfação do cliente.
- **Otimização de rotas:** Identifica as rotas de entrega mais eficientes, ajudando a reduzir os tempos e os custos de entrega.

- **Ferramentas de análise:** Estas ferramentas permitem às empresas analisar as taxas de sucesso das entregas e identificar serviços comuns utilizando dados históricos. Ver obstáculos e exemplos aqui.

Recomendamos que se registe para uma demonstração para ver como o Track-POD o pode ajudar a fazer crescer o seu negócio. Isso permitirá que você explore os recursos do software em um ambiente real e veja como ele se encaixa nos seus sistemas existentes. Registe-se para uma demonstração no Track-POD Now.

Além disso, para obter uma compreensão mais ampla do que o Track-POD oferece, pode ver um vídeo informativo abaixo:

novações que moldam a entrega no comércio eletrónico

A entrega do comércio eletrónico está a evoluir rapidamente. Estas mudanças estão a revolucionar a forma como os produtos são enviados e monitorizados e a transformar a forma como os produtos são entregues, com impacto em todas as facetas da indústria do comércio eletrónico.

1. Automatização e robótica

Os grandes armazéns utilizam mais robots e automação para ajudar em tarefas como a recolha e a embalagem. Esta tecnologia reduz os erros e acelera o processamento das encomendas. Um processamento mais rápido significa entregas mais rápidas, acompanhando o ritmo acelerado que os clientes esperam atualmente.

2. Análise avançada de dados

As empresas de comércio eletrónico utilizam grandes volumes de dados para fazer melhores planos de entrega e compreender o que os clientes poderão comprar a seguir. A análise preditiva permite-lhes ajustar os seus níveis de stock para se prepararem para épocas de grande movimento. Além disso, o software que optimiza as rotas de entrega garante que os produtos são entregues de forma rápida e económica. Isto torna as operações mais fáceis e mantém os clientes satisfeitos, garantindo que os produtos estão sempre disponíveis.

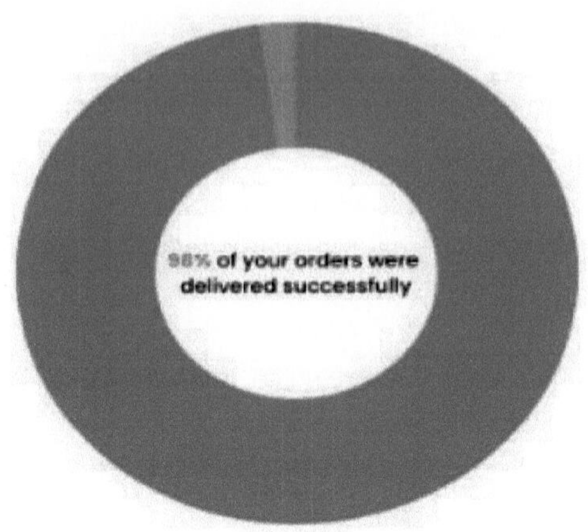
98% of your orders were
delivered successfully

Conclusão

À medida que o comércio eletrónico cresce, é fundamental manter-se atualizado com tecnologias como os drones e o serviço de apoio ao cliente com IA. Estas ferramentas aumentam a eficiência e ajudam a satisfazer as expectativas dos clientes, mantendo as empresas competitivas. Tornam as operações mais fáceis e abrem novas formas de crescer e de se relacionar com os clientes em linha.

REFERÊNCIAS

1. Аксенов И.Я. Единая транспортная система. -Москва, 1987.
2. Громов Н.Н., Панченко Т.А., Чудновский А.Д. Единая транспортная система. -Москва, 1987.
3. Imomov Sh.K., To'xsanov B.S. Avtomobil transportida yuk vayo'lovch
4. Imomov Sh.K. Transport vositalarida yuk va yo'lovchilar tashish.
-Buxoro: Iste'dod, 2003.
5. Karimov E., Niyazov B. Korxona va aholiga transport-ekspeditsiya xizmati ko'rsatish. -Toshkent, 2007.
6. Karimov E. Avtomobillarda yo'lovchilar tashish. -Toshkent, 2002.
7. Xo'jayev B.A. Yagona transport sistemasi. -Toshkent, 1984.
8. Qulmuhamedov J.R., Karimov E., Muhamedov H.H., Oxunov A.A., Doshekenov T.A. Avtomobillardan foydalanish va avtotransportda mehnat muhofazasi. -Toshkent, 2003.
9. Qudratov L., G'aniyev T. Mehnat muhofazasi. -Toshkent, 2002.
10. Бутаев Ш.А., Мирзахмедов Б.М., Жураев М.Н., Дурмонов А.Ш., Баходиров Б.И. Ташиш жараёнларини моделлаштириш ваш. -Т.:Фан, 2009. -267 б.
11. Хужаев Б.А. Автомобилларда юк ва пассажир ташиш асослари. - Т.: Укитувчи, 2002. -240 б.
12. Бутаев Ш. А., Кузиев А.У. Иктисодий худуднинг транспорт инфратузилмасини оптимал ривожлантириш моделлари ва услублари. -Т., Фан, 2009. - 140 б.
13. Хужаев Б.А. Автомобильные перевозки. -Т.: Укитувчи, 1991.-390 с.
14. Дегтерёв М.Г. Организация и механизация погрузочно-разгрузоочных работ на автоморбильных транспорте. - М:. Транспорт, 1980. -214 с.
15. Блатнов М.Д. Пассажирские автомобильные перевозки. - М:.Транспорт, 1981.-254 с.
16. Рогова Р.М. Задачник по экономике, организации и планированию автомобильного транспорта.-М:. Высшая школа, 1977.-156 с.
17. Краткий автомобильной спровочник НИИАТ.- М:.Транспорт, 1983.
18. Мун В.С. Пассажирские автомобильные перевозки. - Т.:Укитувчи, 1990. -167 с.
19. Adesiyun, A. & Ihs, A. (2010) Og'ir avtomobillar uchun aqlli marshrut bo'yicha ko'rsatma. (26-33) [onlayn]. Bu yerda mavjud
20. http://cordis.europa.eu/documents/documentlibrary/ 123823861EN6.pdf [Kirishilgan 2017-yil 16-mart].

21. Allianz Global korporativ va mutaxassislik (2014). Og'ir yuk ko'targichlar va loyiha yuklarini qanday qilib xavfsiz yuklash, joylashtirish, mahkamlash va tushirish. [onlayn]. Bu yerda mavjud: http://www.agcs.allianz.com/assets/PDFs/ARC/Risk%20Bulletins/Load-stowsecure-and-dischargeheavy-lifts-and-project-cargo.pdf [Kirishilgan 2017-yil 24-mart].
22. Atomenergomash. (2015). Neft va gaz sanoati uskunalari. [onlayn]. Bu yerda mavjud: http://www.aem-group.ru/en/static/images/buklety/GNH-eng.pdf [Kirishilgan 2017-yil 3aprel].
23. Bak, M., Springer Proceedings in Business and Economics: Yigirma birinchi asrda transportni rivojlantirish muammolari. [eBook] Cham, CH: Springer, 2016.
24. ProQuest ebrary, 140-160. Bu yerda mavjud:
25. http://site.ebrary.com.ezproxy.hamk.fi:2048/lib/hamk/detail.action?docID=11187889 [Kirishilgan 2017-yil 15-mart].
26. Bazaras, D., Batarliene, N., Ramunas, Palsaitis R. & Petraska, A. (2013). Turli o'lchamdagi yuklarni tashish uchun optimal yo'l yo'nalishini tanlash mezonlari tizimi. Boltiqbo'yi yo'l va ko'prik muhandisligi jurnali.
[onlayn] 8-jild (1), 19-24. Comprar
mavjud:http://www. bjrbe.vgtu. lt/volumes/pdf/Volume 8 Numberl 03.pdf [Kirishilgan 2017-yil 15-mart].
27. Transport statistikasi byurosi. (2015). Rejim bo'yicha transport hodisasi. [onlayn]. Bu yerda mavjud:
28. https://www.rita.dot.gov/bts/sites/rita.dot.gov.bts/files/publications/ national transportation statistics/html/table 02 03 .html [Kirishilgan 2017-yil 10aprel].
29. Yuk. (nd) In: Dicionário de Negócios [onlayn] Springfield: WebFinance Inc. Mavjud:http://www. businessdictionary.com/definition/cargo.html [Kirishilgan
2017-yil 13-fevral].
30. Yuk. (nd) In: Merriam-Webster [em inglês] Springfield: Merriam- Webster, Inc. Mavjud: http://www.merriam-webster.com/dictionary/cargo [Kirish 2017-yil 12fevral].
31. Iqtisodiy rivojlanish, transport va atrof-muhitni muhofaza qilish markazi (2013).
32. Finlyandiyada oddiy yo'l harakatida ruxsat etilgan maksimal ruxsatetilgan o'lchamlar
33. [onlayn]. Mavj ud: https : //www. ely-keskus.fi/documents/10191/124964/

normaaliliikenteen mittarajat 2013 ENG.pdf/8819ca44-3b50-4c5c-8bbb-020e59db789a [Kirishilgan 2017-yil 17-mart].
34. Iqtisodiy rivojlanish, transport va atrof-muhitni muhofaza qilish markazi (2014). Narxlar va turli transport ruxsatlarining samarali muddatlari. [onlayn]. Bu yerda mavjud: https://www.ely- keskus.fi/documents/10191/262403/
35. Erikoiskuljetukset Lupahinnat 2014 ENG.pdf/d1faf964-2522-43ec- bd37-1f89cdc21d92 [Kirishilgan 2017-yil 20-mart].
36. Iqtisodiy rivojlanish, transport va atrof-muhitni muhofaza qilish markazi (2015). Turli o'lchamdagi yuklarni tashish uchun berilgan ruxsatnomalar soni. [onlayn]. Bu yerda mavjud: http://www.ely-keskus.fi/web/ely/tilastot-ja-julkaisut#.WOyFl4iLTIU [Kirishilgan 2017-yil 15mart].
37. Kristofer, M. (2016). Logistika va ta'minot zanjiri boshqaruvi. Beshinchi nashr. Xarlou, Angliya: Pearson, 72-84
38. Det Norske Veritas AS. (2012). Xavfli yuklarni tashish [onlayn] Quyidagi manzilda mavj ud: https : //rules. dnvgl. com/docs/pdf/DNV/rulesship/2013-01/ts511.pdf [Kirishilgan 2017-yil 17-fevral].
39. ES 561/2006 direktivasi. (2006). Avtomobil transporti bilan bog'liqayrim ijtimoiy qonun hujjatlarini uyg'unlashtirish. [onlayn]. Yevropa Ittifoqining rasmiy jurnali. 49-jild, 6-8. Bu yerda mavjud:http://eur-lex.europa.eu/resource.html?
40. uri=cellar:5cf5ebde-d494-40eb-86a7-2131294ccbd9.0005.02/DOC 1&format=PDF [Kirishilgan 2017-yil 3-aprel].
41. Ec.europa.eu, (2017). Yevropa Komissiyasining rasmiy veb-sayti [onlayn]. Mavjud: https://ec.europa.eu/transport/modes/road/weights- edimensões pt [Kirishilgan 2017-yil 20-mart].
42. Ely-keskus (2014). Transporte anormal ruxsatnomalari. [onlayn]. Bu yerda mavj ud : http : // www. ely-keskus. fi/web/ely-en/abnormal-transport-permit
[Kirishilgan 2017-yil 30-mart].
43. Ely-keskus (2015). Anormal tashish ruxsatnomasi shartlari. [onlayn]. Bu yerda mavj ud: https : //www. ely-keskus .fi/documents/10191/8153697/
44. Lupaehdot ENG 3.2 2015 .pdf/75e717a5-0ee7-4f3f-94be- c017c91e4c51 [Kirishilgan 2017-yil 30-mart].
45. Yevropa Komissiyasi (1996). Kengash direktivasi 96/53/EC [onlayn].Bu yerda mavjud: http://eur-lex.europa.eu/legal-content/EN/ALL/?uri=CELEX:31996L0053 [Kirishilgan 2017-yil 20-mart].
46. Yevropa komissiyasi (2016). Turli yo'l transporti uchun Evropaning eng yaxshi amaliyoti ko'rsatmalari. [onlayn]. Bu yerda mavjud:

https://ec.europa.eu/transport/ road safety/sites/roadsafety/files/vehicles/doc/abnormal transport guidelines e n.pdf [Kirishilgan 2017-yil 28-mart]. Farpost. (2017). Traktor agregatlari. [onlayn]. Bu yerda mavjud:
47. http://www.farpost.ru/ vladivostok/auto/spectech/truck/sedelnyj- tjagach-iveco-trakker-at720t45tw-6x6- 2017gv-22328760.html [Kirishilgan 2017-yil 4-aprel].
48. Faymonvil. (2017). Kombimax yarim tirkamasi. [onlayn video]. Bu yerda mavjud: http:// www.faymonville.com/vehicles.aspx?id=670&lang=en [Kirishilgan 2017-yil 3-aprel].
49. Galor, V. va Galor A. (2012). Janubiy Boltiqbo'yi mintaqasining Polsha qismida katta hajmli yuk tashish. Jurnal, [onlayn] 18-jild (3), 100-103. Bu yerda mavjud: http:// www.kones.eu/ep/2011/vol18/no3/13.pdf [Kirishilgan 2017-yil 18- fevral].
50. Galor, W. & Galor A. (2016). Katta hajmli yuklarni tashish [onlayn]. Bu yerda mavj ud: http : //www. transportoversize. eu/en/articles/id/4029/ [Kirishilgan 2017-yil 12-mart].
51. Galor, V., Galordr, A., Józwiak, Z. & Wisnickidr, B. (2012). Transportda katta hajmli yuklarni tashish va ta'minlash [onlayn]. Bu yerda mavjud:https://www. academia.edu/ 26307102/Carriage and securing of oversize cargo in transport
52. [Kirishilgan 2017yil 23-mart].
53. Negociador global (2016). Xalqaro savdoda foydalaniladigan transport hujjatlari.
54. [onlayn]. Bu yerda mavjud:
55. http://www.globalnegotiator.com/files/TransportDocuments-Used-In-International-Trade.pdf [Kirishilgan 2017-yil 14-mart].
56. Global neft narxlari. (2017). Dizel narxi, litr. [onlayn]. Bu yerdamavjud:
57. http:// www.globalpetrolprices.com/diesel prices/ [Kirishilgan 2017-yil 7-aprel].
58. Glogista. (2016). Onlayn xaritalar. [onlayn]. Bu yerda mavjud: https://glogist.ru/online/maps [Kirishilgan 2017-yil 7-aprel].
59. Google. (2017). Xaritalar. [onlayn]. Bu yerda mavjud:
60. https://www. google.com/maps [Kirishilgan 2017-yil 4-aprel].
61. Gupta, D. (2013). Tez buziladigan yuk va eksport importi 1-nashr. [pdf] Berlin: Akademik matbuot. Bu yerda mavjud:https://scribd.com/doc/191852895/Perishable-Cargo-andExport-Import [Kirishilgan 2017-yil 16-fevral].
62. Og'ir transport (2016) Yukni himoya qilish. [onlayn]. Bu yerdamavjud:

63. http:// www.heavytransport.pl/securing-the-cargo/ [Kirishilgan 2017-yil 22-mart].
64. Xopkin, P. (2017). Risklarni boshqarish asoslari: samarali risklarni boshqarishni tushunish, baholash va amalga oshirish. Londres, GB: Kogan Page, [ebook]. Bu yerda mavj ud: http : //site. ebrary.com.ezproxy.hamk.fi:2048/lib/hamk/ detail.action?docID=11321776 [Kirishilgan 2017-yil 1-aprel].
65. Xyuz D. (2016). Ishlash bo'yicha ko'rsatmalarni o'z ichiga olgan turliyukni o'z-o'zidan boshqaradigan transport vositalarini yoritish va belgilash. [onlayn]. Bu yerda mavjud:
66. https://www. gov.uk/government/uploads/system/uploads/attachment d ata/fle/503105/
67. Lighting_and_marking_COP _for_abnormal_load_self_escorting_vehic les HE rebranding v1.pdf [Kirishilgan 2017-yil 31-mart].
68. InterRail. (2015). Turli o'lchamdagi yuk darajasi. [onlayn]. Bu yerda mavjud:
69. http:// www.interrail.ru/en/service/oversized cargo.php [Kirishilgan 2017-yil 5-aprel].
70. Kalyujnov A. (2010). Qozog'istonda qayta ishlash sektori. [onlayn].

Printed by Books on Demand GmbH, Norderstedt / Germany